ZEITSCHRIFT FÜR ANGEWANDTE GEOLOGIE

HERAUSGEGEBEN VOM
ZENTRALEN GEOLOGISCHEN INSTITUT
IM AUFTRAG DES
MINISTERIUMS FÜR GEOLOGIE

AUS DEM INHALT

AKADEMIE-VERLAG · BERLIN

HEFT 3
BAND 24
MÄRZ 1978
SEITE 109–148
EVP: 2,– M
34114

	INHALT	СОДЕРЖАНИЕ	CONTENTS	
MAASS, I.; WAND, U.; KAEMMEL, T.	Die Kohlenstoffisotopenzusammensetzung hochinkohlter organischer Substanzen — Kriterium zur Charakterisierung ihrer Primärsubstanzen	Состав углеродных изотопов высокоуглефицированных органических веществ — критерий для характеристики их первичных веществ	The Carbon-Isotope Composition of Highly Coalified Organic Substances — a Criterion for Characterizing their Primary Substances	109
MAGALOWSKI, G.	Über die Prinzipien der Erarbeitung sowjetischer Kohlenlagerstättenklassifikationen	О принципах выработки классификации советских угольных месторождений	Principles of Assigning Soviet Coal Deposits to Classes	120
SCHNEIDER, W.	Zu einigen Gesetzmäßigkeiten der faziellen Entwicklung im 2. Lausitzer Flöz	К некоторым закономерностям фациального развития во 2-м Лужицком пласте	Some Regularities of the Facial Development in the 2nd Lusatian Seam	125
EISSMANN, L.	Mollisoldiapirismus	Моллисоловый диапиризм	Mollisol Diapirism	130
LUX, K.-N.	Ein vorläufiges Programm für die Untersuchung von Brunnen mit geophysikalischen Bohrlochmeßverfahren	Предварительная программа измерения для исследования колоцдев карротажными методами	A Preliminary Programme for Measuring Wells by Means of Geophysical Well Logging	138

Die ZEITSCHRIFT FÜR ANGEWANDTE GEOLOGIE berichtet ständig über folgende Arbeitsgebiete: Geologische Grundlagenforschung und Lagerstättenforschung / Methodik der geologischen Erkundung / Ökonomie und Planung der geologischen Erkundung / Technik der geologischen Erkundung / Geologie und Lagerstättenkunde im Ausland. In der Zeitschrift können alle strittigen Fragen der praktischen Geologie behandelt werden. Die Autoren übernehmen für ihre Aufsätze die übliche Verantwortung.

ISSN 0044 - 2259

Zeitschrift für angewandte Geologie 3/78

Herausgegeben vom Zentralen Geologischen Institut Berlin im Auftrag des Ministeriums für Geologie der Deutschen Demokratischen Republik
Verlag: Akademie-Verlag, 108 Berlin, Leipziger Straße 3—4

MAASS, I.; WAND, U.; KAEMMEL, T.

Die Kohlenstoffisotopenzusammensetzung hochinkohlter organischer Substanzen — ein Kriterium zur Charakterisierung ihrer Primärsubstanzen

Z. angew. Geol., Berlin, 24 (1978) 3, S. 109—120, 1 Abb., 6 Tab., 71 Lit.

Die untersuchten Graphite zeigen je nach Typ des organischen Ausgangsmaterials, humos oder sapropelitisch bzw. bituminös, unterschiedliche $\delta^{13}C$-Werte. Damit lassen die experimentellen Ergebnisse die Schlußfolgerung zu, daß anhand der isotopischen Zusammensetzung des Kohlenstoffs auch noch bei hochinkohlten (metamorphen) primär-organischen Sedimenten Aussagen über den Charakter der organischen Ausgangssubstanzen in gewissen Grenzen möglich sind. Ursachen, die den relativ großen Variationsbereich in den $\delta^{13}C$-Werten der Graphite hervorrufen können, werden diskutiert.

MAGALOWSKI, G.

Über die Prinzipien der Erarbeitung sowjetischer Kohlenlagerstättenklassifikationen

Z. angew. Geol., Berlin, 24 (1978) 3, S. 120—125, 1 Tab., 32 Lit.

Es wird eine Übersicht über die Entwicklung der Kohlenlagerstättenklassifikationen der Sowjetunion gegeben. Hierbei werden zwei Hauptgruppen unterschieden: 1. Genetische Klassifikationen und 2. industrielle und Erkundungsklassifikationen. Diese Klassifikationen wurden bereits seit Jahrzehnten unter Berücksichtigung einer komplexen Klärung genetischer Fragen und einer komplexen Nutzung der Lagerstätten erarbeitet.

SCHNEIDER, W.

Zu einigen Gesetzmäßigkeiten der faziellen Entwicklung im 2. Lausitzer Flöz

Z. angew. Geol., 24 Berlin (1978) 3, S. 125—130, 6 Abb., 1 Tab., 17 Lit.

Als Ergebnis langjähriger mikropaläobotanischer und mikropetrographischer Untersuchungen am 2. Lausitzer Flözhorizont werden einige grundlegende flözgenetische Zusammenhänge anhand von Beispielen dargestellt.

EISSMANN, L.

Mollisoldiapirismus

Z. angew. Geol., Berlin, 24 (1978) 3, S. 130—138, 13 Abb., 29 Lit.

Die in der Leipziger Tieflandsbucht auftretenden diapirischen Braunkohlenaufpressungen sind ein Zeugnis für den Zusammenbruch mächtigen pleistozänen Dauerfrosts in Mitteleuropa. Das Wasser des während der Frostbodenbildung in der Braunkohle entstandenen Segregationseises führte in der Zeit der Frostbodendegradation zu Konsistenzänderungen. Infolge lagerungs- und sedimentbedingten unterschiedlichen Belastungsdrucks stieg der Kohlemollisol diapirisch auf. Maxima des Kohlediapirismus lagen in der frühen und späten Saaleeiszeit und der frühen Weichseleiszeit. Aus dem Kohleaufstieg sind für die genannten Zeiträume zumindest kurze Erwärmungsphasen zu postulieren. Es wird eine Gliederung des Quartärs der DDR mit der Einschätzung periglaziärer Prozesse vorgelegt.

LUX, K.-N.

Ein vorläufiges Meßprogramm für die Untersuchung von Brunnen mit geophysikalischen Bohrlochmeßverfahren

Z. angew. Geol., Berlin, 24 (1978) 3, S. 138—144, 7 Abb., 2 Lit.

Im vorliegenden Beitrag wird ein vorläufiges Meßprogramm für die Untersuchung von Brunnen durch bohrlochgeophysikalische Verfahren vorgestellt und hinsichtlich seiner Aussagemöglichkeiten anhand von Meß- und Interpretationsbeispielen erläutert. Durch dieses Programm ist es möglich, Brunnenschäden im Voll- und Filterrohrbereich zu erkennen, produzierende bzw. schluckende Intervalle des Brunnens zu orten und hinsichtlich ihres Abgabe- oder Schluckvermögens zu quantifizieren sowie einen Beitrag zur Präzisierung der Ausbaudokumentation zu leisten.

Zeitschrift für angewandte Geologie 3/78

Herausgegeben vom Zentralen Geologischen Institut Berlin im Auftrag des Ministeriums für Geologie der Deutschen Demokratischen Republik
Verlag: Akademie-Verlag, 108 Berlin, Leipziger Straße 3—4

MAASS, I.; WAND, U.; KAEMMEL, TH.

The Carbon-Isotope Composition of Highly Coalified Organic Substances — a Criterion for Characterizing their Primary Substances

Z. angew. Geol., Berlin, 24 (1978) 3, pp. 109—120, 1 Fig., 6 Tables, 71 Refs.

According to the type of initial organic material the graphites investigated show different humic or sapropelitic $\delta^{13}C$ values, and bituminous ones, respectively. Thus from experimental results may be concluded that by means of the isotopic composition of carbon statements on the character of initial organic substances can within certain limits be made even in highly coalified (metamorphic) primary-organic substances. Causes producing the relatively wide range of variation in the $\delta^{13}C$ values of graphites are discussed.

MAGALOWSKI, G.

Principles of Assigning Soviet Coal Deposits to Classes

Z. angew. Geol., Berlin, 24 (1978) 3, pp. 120—125, 1 Table, 32 Refs.

The development of classifications for coal deposits of the Soviet Union is reviewed, in which a distinction is made between two main groups, (1) genetic classifications, and (2) industrial and exploratory ones. These classifications were already worked out some decennia ago, taking into account a complex elucidation of genetic problems and a complex exploitation of deposits.

SCHNEIDER, W.

Some Regularities of the Facial Development in the 2nd Lusatian Seam

Z. angew. Geol., Berlin, 24 (1978) 3, pp. 125—130, 6 Figs., 1 Table, 17 Refs.

By means of examples some fundamental seam-genetic relations are described as a result of many years' micropalaeobotanical and micropetrographical studies of the 2nd Lusatian seam horizon.

EISMANN, L.

Mollisol Diapirism

Z. angew. Geol., Berlin, 24 (1978) 3, pp. 130—138, 13 Figs., 29 Refs.

Diapiric upturnings of lignite in the lowland bay of Leipzig give evidence of the breakdown of the thick Pleistocene eternal frost in Central Europe. During the degradation of frozen ground the water of segregated ice formed in lignite during the formation of frozen ground led to consistency changes. Owing to a different overburden pressure conditioned by bedding and sediment the coal mollisol ascended diapirically, with coal-diapirism maxima in the early and late Saalian glaciation and the early Weichselian glaciation. From the ascent of coal at least brief heating phases must be postulated for these periods. A division of the Quaternary of the G.D.R. ist presented together with an estimate of periglacial processes.

LUX, K.-H.

A Preliminary Programme for Measuring Wells by Means of Geophysical Well Logging

Z. angew. Geol., Berlin, 24 (1978) 3, pp. 138—144, 7 Figs., 2 Refs.

A preliminary programme for measuring wells by means of geophysical well logging is presented, and is illustrated by examples of measurement and interpretation in view of its conclusiveness. This programme makes it possible to discover well damages in full-string and perforated casing, to locate producing and absorbing intervals of the well and to quantify them in view of their yield or absorbing capacity, as well as to contribute to define exactly the pulling-out documentation.

ZEITSCHRIFT FÜR ANGEWANDTE GEOLOGIE

Träger der Ehrennadel in Gold
der Gesellschaft für Deutsch-Sowjetische Freundschaft

BAND 24 · MÄRZ 1978 · HEFT 3

Die Kohlenstoffisotopenzusammensetzung hochinkohlter organischer Substanzen

Kriterium zur Charakterisierung ihrer Primärsubstanzen

MAASS, I.; WAND, U., Leipzig; KAEMMEL, T., Berlin

1. Einleitung

Untersuchungen an humosen und bituminösen Sedimenten und Sedimentiten haben gezeigt, daß diese sich in ihren Kohlenstoffisotopenhäufigkeiten unterscheiden, was auf deren unterschiedliche chemische Zusammensetzung zurückgeführt wird (MAASS u. a. 1975). Mit zunehmender Inkohlung machte sich sowohl bei den Huminiten als auch bei den Sapropeliten eine ^{13}C-Anreicherung im Sediment bemerkbar. Der charakteristische Unterschied in der isotopischen Zusammensetzung zwischen den bei den Sedimentgruppen blieb aber erhalten.
Danach stand die Frage zur Diskussion, inwieweit die isotopische Zusammensetzung auch noch bei hochinkohlten (Bereich Anthrazit—Graphit) primär organischen Sedimenten Aussagen über den Charakter der organischen Ausgangssubstanzen gestattet und damit eine geologische Faziesanalyse begrenzt möglich wird.
Erste Untersuchungen an graphitischen Materialien ließen noch Unterschiede in der isotopischen Zusammensetzung erkennen, so daß sich daran die Untersuchung einer größeren Anzahl von Graphiten unterschiedlicher genetischer Herkunft anschloß. Dabei sollte, soweit möglich, gleichzeitig geprüft werden, ob eine Beziehung zwischen dem Metamorphosegrad der organischen Substanz und ihrem δ^{13}C-Wert besteht. Der Metamorphosegrad sollte einmal als Maß der rein thermischen Beanspruchung des organischen Materials während seiner Graphitisierung und einer dadurch bedingten Verschiebung der δ^{13}C-Werte gesehen werden, andererseits aber auch Aufschluß darüber geben, ob eine Wechselwirkung zwischen dem organischen Kohlenstoff, Karbonatkohlenstoff und anderen kohlenstoffhaltigen Komponenten, sofern vorhanden, stattgefunden haben könnte.

2. Ergebnisse

Das angewendete Verfahren zur chemischen Umarbeitung der Proben für die sich daran anschließende massenspektrometrische Präzisionsisotopenanalyse wurde von ZSCHIESCHE (1975) eingehend beschrieben. Alle in vorliegender Arbeit angegebenen δ^{13}C-Werte in Promille beziehen sich auf den Chicagoer PDB-Standard.
Die untersuchten Graphite weisen je nach Art des organischen Ausgangsmaterials (humos oder bituminös bzw. sapropelitisch) unterschiedliche δ^{13}C-Werte auf. Proben aus dem Präkambrium (im wesentlichen Oberes Proterozoikum) und Altpaläozoikum, die keiner hohen thermischen Beanspruchung unterlagen und bei denen auf Grund des geringen Metamorphosegrads des Nebengesteins auch keine Wechselwirkung zwischen organischem und Karbonatkohlenstoff — diese kann nach unseren Untersuchungen erst ab Amphibolitfazies der Regionalmetamorphose bzw. Hornblende-Hornfelsfazies der Kontaktmetamorphose, besonders bei Kontaktmetamorphose stärker in Erscheinung treten — möglich war, zeigen δ^{13}C-Werte überwiegend im Bereich von —27‰ bis —37‰ (Tab. 1). Der Mittelwert von 21 Proben liegt bei —29‰. Diese Isotopenhäufigkeiten gleichen den Isotopenwerten der früher untersuchten bituminösen Sedimente. Sie sind isotopisch relativ „leicht" und weisen wie

Eingang des Manuskripts in der Redaktion: 3. 2. 1977.

Tab. 1. $\delta^{13}C$-Werte von hochinkohlten organischen Substanzen, meist graphitischem Material, primär sapropelitischer bzw. bituminöser Natur

Probe-Nr. (Lit.-Hinw.)**	Probenbezeichnung	Fundort	m*	Altersangaben	^{13}C (‰) PDB
014 Jä 6	Kieselschiefer	Lößnitz, Erzgeb,; DDR	2	Silur	−27,1
067	Graphitschiefer (Zeichenschiefer)	Marvilla/Marbella, Andalusien; Spanien	2?	Ordovizium oder Silur	−27,5
068	graphit. Schiefer	dito		dito	−26,0
040	Graphitschiefer	Podgorzer Tunnel, Bl. Kowary, Slask; VR Polen	≦ 2?	Vordevon	−27,3
046	Graphitquarzit (Einlagerung in Metakieselschiefer)	Gniewkow, Bl. Goworow, Slask; VR Polen	2?	Vordevon	−23,8
041	Graphitschiefer mit Chiastolith	Domanice, Bl. Imbramovice, Slask; VR Polen	5	Vordevon	−23,5
004 Jä 5	„kohlige Substanz"	Cellon, Karn. Alpen; Österreich	0.1	Silur (Llandovery)	−27,0
— Jä 6, Kac	„kohliger Alaunschiefer"	Bohrung Lippelsdorf 3, (147 m), Thüringen; DDR		Unterdevon (Basis Gedinne), (*uniformis*-Zone)	−27,1
— Jä 6, Kac	„kohliger" Alaunschiefer (kalkig, sandhaltig)	Bohrung, Lippelsdorf 2, (47—50 m), Thüringen; DDR	1	Unterdevon (höheres Gedinne, *hercynicus*-Zone)	−27,1
—	Graphitschiefer	Sichow, Slask; VR Polen	2	Vordevon (Silur oder Proterozoikum)	−34,7
006 Ba 2, Ba 5	graphitischer Kieselschiefer	Schwefelhütte, Bl. Großbreitenbach, Thür.; DDR	1/2	ob. Proterozoikum (Katzhütter Schichten)	−31,0
008 Ba 2, Ba 5, Hi	graphitischer Kieselschiefer	nördl. Großbreitenbach, Bl. Großbreitenbach, Thüringen; DDR	2	oberes Proterozoikum (Katzhütter Schichten)	−30,0
017 Lo 6	Graphitphyllit	Zweibach b. Tellerhäuser (Halde); DDR	2	Kambrium (Tellerhäuser-Schichten)	−23,2
007 Ba 5	Graphitschiefer	Werragrund, Bl. Eisfeld, Thüringen; DDR	1/2	Kambrium (Goldisthaler Schichten)	−32,7
018 Lo 6	Graphitglimmerschiefer	Bohrung Wurzelberg 1/61, Erzgebirge; DDR	2	Kambrium (Breitenbrunner Folge)	−26,1
019 Du	Quarzgraphitschiefer	Pezinok; ČSSR	2	Kambrium oder ob. Proterozoikum	−29,7
020 Du	graphitischer Schwefelkiesschiefer	Chvaletice; ČSSR	2	oberes Proterozoikum	−29,6
— Kü	Schwärzschiefer	zwischen Döschnitz u. Rohrbach, Thür; DDR	1	Oberdevon	−27,6
051 Se, Bu, Iw	Graphit aus verwittertem Gneis	Sawalje, Ukrain. SSR; UdSSR	3/4	Archaikum (Chotschew-Sawalje-Serie)	−37,7
121 Lo 8, Si	Schungit	Spasskaja Guba, Karel. ASSR; UdSSR	≷ 2 2 z.T. 5?	mittl. Proterozoikum (Jatul)	−36,8
122	Schungit	dito	2 z. T. 5?	dito	−32,4
— Lo 8, Si	Schungit	Schunga, Olonez, Karel. ASSR	2 z. T. 5?	dito	−36,7
123	Schungit	Spasskaja Guba	2 z.T. 5?	dito	−29,3
— Lo 8, Si	Schungit	Ladogasee; Karel. ASSR	2 z.T. 5?	dito	−23,2

*m = Angabe zur Metamorphose bzw. Diagenese (s. Anlage) Tab. 5
** Anfangsbuchstaben aus erg. Quellenangaben

diese die höchste ^{12}C-Anreicherung aller in vorliegender Arbeit untersuchten Graphite, d. h. die tiefsten Negativwerte von $\delta^{13}C$ auf. Diese Übereinstimmung ist verständlich, da für die oben erwähnten graphitischen Substanzen hauptsächlich bituminöses, sapropelitisches Ausgangsmaterial in Frage kommt[1]). Die meisten der in der Literatur zu findenden $\delta^{13}C$-Werte für vergleichbare Proben bewegen sich in einem ähnlichen Variationsbereich von −26‰ bis −45‰ (HOERING 1967, EICHMANN & SCHIDLOWSKI 1974, 1975). Einige der hier untersuchten Graphite, die nach den geologischen Befunden ebenfalls sapropelitischen bzw. bituminösen Ursprungs sind, lassen sich mit ihren $\delta^{13}C$-Werten zwischen −15‰ und −25‰ nicht in die typischen Variationsbreite von −27‰ bis −37‰ eingliedern. Von diesen Graphiten ist aber bekannt, daß sie mit Karbonatgesteinen vergesellschaftet sind und gemeinsam einer stärkeren Metamorphose unterlagen. Dadurch muß prinzipiell mit der Möglichkeit einer Beeinflussung der isotopischen Zusammensetzung des Graphitkohlenstoffs durch den Karbonatkohlenstoff gerechnet werden.

Graphite, die eindeutig aus humosen organischen Substanzen hervorgegangen sind (Tab. 2), haben ^{13}C-Werte, wie sie für Humuskohlen ($\delta^{13}C$-Mittelwert = −24‰) kennzeichnend sind. Die $\delta^{13}C$-Werte derartiger Graphite fallen fast durchweg in den Bereich von −20‰ bis −25‰; der Mittelwert von 7 Proben ist −23,0‰. Unter Einbeziehung der wenigen vorliegenden Literaturwerte (Tab. 2) ergibt sich ein Durchschnittswert von −23,5‰. D. h., der Kohlenstoff dieser Proben ist relativ „schwer".

[1]) Die biochemische Substanzgruppe Lignin als Bestandteil höherer Gefäßpflanzen und Ausgangspunkt für den humosen Typ der organischen Substanz der Sedimente tritt erst ab Devon und besonders im Karbon auf. Devonische Kohlen haben bereits die für huminitische Kohlen charakteristischen $\delta^{13}C$-Werte (s. Tab. 2), die höher liegen als die gleichaltriger Sapropelite. Primärsubstanzen mit $\delta^{13}C$-Werten ähnlich Huminiten treten in Sedimenten des Vordevons einschließlich des Präkambriums nur begrenzt auf.

3. Diskussion der Ergebnisse

Der große Variationsbereich der $\delta^{13}C$-Werte aller untersuchten Proben (−3,3‰ bis −37,7‰; Tab. 1 bis 4) kann nicht auf eine Ursache allein zurückgeführt werden, sondern

Tab. 2. $\delta^{13}C$-Werte von hochinkohlten organischen Substanzen, meist Graphiten primär humitischer Natur

Probe-Nr. (Lit.)	Probenbezeichnung	Fundort	m	Altersangaben	$\delta^{13}C$ (‰) PDB
—	Psilophytenkohle (Anthrazit, ca. 8–9% fl. B.)	Neunkirchen/Daun, Eifel; BRD	1	Unterdevon (Siegen)	–25,5*
073	Steinkohle	Kønigsbay, Tunheim; Bäreninsel	0	Oberdevon	–22,6*
074	Pseudokännelkohle	Bäreninsel	0	Oberdevon	–22,5*
052 Ti	Graphit aus Steinkohle entstanden	Turuchansk, Sibirien; UdSSR	5	Permokarbon	–20,1
069	Graphit aus Steinkohle entstanden	Col du Cardonet, Fundort Websky; Frankreich	≦ 2	Oberkarbon	–22,9
— Kl	Graphit aus Steinkohle entstanden	Kaisersberg, Steiermark; Österreich	2	Oberkarbon	–23,8
— Kl	Graphit aus Steinkohle entstanden	Pinerolo, Kottische Alpen; Italien	2/5	Oberkarbon	–23,6
057	Graphit aus Steinkohle entstanden	Grube La Colorado, Sonora; Mexiko	5	Trias	(–15,7)
060	Graphit aus Steinkohle entstanden	Colfax City, New Mexiko; USA	5		–27,0
050 Ti	Graphit aus Steinkohle entstanden	„Bleistiftberg" südl. Swerdlowsk; UdSSR	5	Karbon (Unterkarbon)?	–20,1
Literaturwerte					
	Graphit aus Steinkohle entstanden	Simbabwe	5	Permotrias	–23,5
	Hornstein verkieselte Kohle, mit Resten von Rhynia u. Asteroxylon	Rhynie, Aberdeenshire, Schottland; Großbritannien	0	Unterdevon (Siegen/Ems), Old Red	–24,1* (a)
	graphitischer Anthrazit	Rhode Island; USA	≦ 2	Pennsylvanian	–21,9 (b)
	Graphit in Phyllit	Kaisersberg, Steiermark; Österreich	2	Oberkarbon	–24,4 (c)
	Graphit aus Steinkohle entstanden	Tenterfield, New South Wales; Australien		Karbon	–26,9 (d)
	Graphit aus Steinkohle entstanden	Mt. Bopple, Queensland; Australien		Jura	–24,3 (d)
	entsprechende Kohle, zum Vergl.	Rosewood Coalfield, Queensland; Australien	0	Jura	–23,8

(a) SMITH u. a. (1970)
(b) CRAIG (1953)
(c) HAHN-WEINHEIMER (1971)
(d) JEFFERY u. a. (1955)

* Bemerkenswert ist, daß der humose Typ der organischen Substanz bereits zu Beginn seines Auftretens in der geologischen Geschichte (CHALONER 1970) den für diesen genetischen Typ der organischen Substanz charakteristischen $\delta^{13}C$-Wert zeigt.
() Wert nicht in Mittelwertbildung einbezogen

Tab. 3. δ^{13}-Graphite, in ihrer isotopischen Zusammensetzung wahrscheinlich beeinflußt durch Wechselwirkung mit anorganischem Kohlenstoff oder bedingt durch biochemische oder fazielle Besonderheiten im Präkambrium (Spalten wie Tab. 2)

001	Graphitschiefer	Kropfmühl/Passau; BRD	3?	moldanubisch (ob. Proterozoikum oder älter)	–19,5
003	Graphitschiefer	dito	3?	dito	–24,9
002	Graphitschiefer	Pfaffenreuth/Passau; BRD	3?	dito	–18,7
016	Graphitschiefer	Černa; ČSSR	3	dito	–22,6
021 Du	Marmor	Černa; ČSSR		dito	– 0,4
015 Du	Graphit (Flockengraphit 1904)	Kollowice bei Česke Budejovice; ČSSR	3/4	dito	–20,0
031 Du	Graphit in Glimmerschiefer	Sleglov; ČSSR	2	Proterozoikum	–21,2
010 Do	Graphitschiefer	Tassara bei Ouro Preto; Brasilien	2/3?	ob. Proterozoikum (Minas Serie, wahrscheinlich zw. 0,5 u. 1,35 Mrd. Jahre)	–15,5
013 Do	graphithaltiger Ton (Verwitterungsprodukt)	Ouro Preto; Brasilien	2/3?	dito	–17,9
— Lo 8	Graphit, Durchschnittsprobe, Produktion 1967	Madagaskar	3/4	Präkambrium (älter als 2,4 Mrd. Jahre)	–19,4
023 Lo 8, Si	Graphit in Silikatgestein	Kuopio; Finnland	3?	Präkambrium (1,75–2,5 Mrd. Jahre)	–24,4
027 Lo 8	Graphitgneis	SW-Afrika	3?	älter als 0,5 Mrd. Jahre	–19,2
028 Ma	Graphit in Gneisschiefer	Henkoryöng, nördl. Yöngheuag; Korean. VDR	3	Nanimsker Komplex (?) (älter als 1,9 Mrd. Jahre)	–22,6

Tab. 4. ^{13}C-Werte von Graphiten unklarer, bzw. komplexer Genese

Probe-Nr. (Lit.-Hinw.)	Probenbezeichnung	Fundort	m	Altersangaben a = Jahre	^{13}C-Wert (‰) PDB
— Ka	Graphit, kristallin, stückig (Lumps)	Sri Lanka	4	Präkambrium (umgebende Paragesteine älter als 2 Mrd. a)	−7,6
— Lo 8	Graphit (gangförmig in Marmor)	Grenville, Quebec; Kanada	3/4	Präkambrium (umgebende C-führende Paragesteine älter als 1,3 Mrd. a)	−5,2
025 Kr 7, Kr 3	Graphitidioblasten in dichtem Silikatgestein	Lüderitzbucht; Namibia		Prä-Nosib (älter als 1 Mrd. a)	−10,0
026 Kr 7, Kr 3	Graphit in durchbewegtem Silikatgestein (Störungszone?)	am Khan; Namibia		älter als 0,5 Mrd. a	−10,0
022 Si	Graphit	Parainen (Pargas); Finnland	4	Präkambrium (1,75—2,5 Mrd. a)	−3,3
005 Si	assoz. Kalkspat	dito		dito	−0,05
022 Si	Kalkspat aus Graphitmarmor	dito		dito	+0,6
049 (Lobsowa et al. 1971)	Graphit, Nebengestein Feldspatschiefer und Gneis	Alibert-Grube (ehem.), Botogol-Massiv/Baikal; UdSSR	2/5	Nebengestein proterozoisch	−6,5

ist die Folge des Einflusses verschiedener Faktoren sowohl im prämetamorphen Stadium als auch während der Metamorphose. Insbesondere präkambrisches bituminöses bzw. sapropelitisches organisches Material, das nicht oder nur schwach metamorphosiert wurde, zeigt gegenüber vergleichbarem phanerozoischem Material größere Variationen in seiner isotopischen Zusammensetzung mit der Tendenz zu deutlich tiefer negativen $\delta^{13}C$-Werten. Das weist darauf hin, daß schon im prämetamorphen Stadium verschiedene Faktoren die isotopische Zusammensetzung der organischen Substanz beeinflussen.

a) Isotopenvariationen des organischen Kohlenstoffs in prämetamorphen Stadien

Biochemisch-bedingte Variationen

Bei der photosynthetischen Kohlenstoffixierung treten Isotopenfraktionierungen in den Kohlenstoffisotopen auf, indem von den pflanzlichen Organismen bevorzugt $^{12}CO_2$ aufgenommen wird. Die Größe dieser Fraktionierung wird durch den biochemischen Photosynthesemechanismus, nach welchem die Lebewesen das CO_2 assimilieren, festgelegt. So stellten BENDER (1971) und SMITH & EPSTEIN (1971) fest, daß Pflanzen, die CO_2 nach dem C_4-Photosyntheseweg verarbeiten, δ^{13}-C-Werte von −10‰ bis −20‰ aufweisen, während diejenigen, die den CALVIN-Zyklus bevorzugen, $\delta^{13}C$-Werte zwischen −22‰ und −33‰ zeigen. Der Photosyntheseprozeß wird aber auch durch die in einzelnen geologischen Zeitabschnitten herrschenden Umweltbedingungen beeinflußt. Temperatur und pH-Wert haben einen Einfluß auf das Angebot an molekularem CO_2 und auf die Einstellung des Isotopengleichgewichts zwischen CO_2 und HCO_3^-, woraus wiederum der $\delta^{13}C$-Wert des CO_2 für die Photosynthese resultiert.

Blaualgen gehören wahrscheinlich zu den ältesten photosynthetisierenden Organismen, deren Existenz in präkambrischen Sedimenten der alten Schilde Nordamerikas, Südafrikas, Westaustraliens durch zahlreiche mikropaläontologische Untersuchungen, insbesondere der vergangenen 10 Jahre nachgewiesen worden ist (BARGHOORN 1971, SCHOPF 1970).
Neuere Arbeiten über Kohlenstoffisotopenfraktionierungen bei der Photosynthese durch Blau- und Grünalgen ließen eine deutliche Abhängigkeit der isotopischen Zusammensetzung der gezüchteten Algen von den Wachstumsbedingungen erkennen. Die größten Fraktionierungen, die von CALDER & PARKER (1973) und SECKBACH & KAPLAN (1973) zwischen dem angebotenen CO_2 und dem daraus photosynthetisierten organischen Kohlenstoff gefunden wurden, lagen zwischen −20‰ und −24‰. Nach HUNT & DEGENS (1967) variieren die durch die Photosynthese fixierten $\delta^{13}C$-Werte in marinen Organismen zwischen −12‰ und −28‰. DEUSER u. a. (1968) fanden Variationen von −9‰ bis −30‰ an marinem Plankton, was auch sie auf Unterschiede in den Umweltbedingungen zurückführen. Allgemein wurde von den verschiedenen Wissenschaftlern festgestellt, daß die Maximalfraktionierung zwischen angebotenem CO_2 und dem daraus gebildeten organischen Kohlenstoff bei langsamer Wachstumsgeschwindigkeit in Gegenwart großer CO_2-Mengen auftritt. So könnten die extrem negativen $\delta^{13}C$-Werte einiger präkambrischer Kerogene zurückzuführen sein auf ein hohes Angebot an molekularem CO_2 im Meer, hervorgerufen durch einen gegenüber heute erhöhten CO_2-Partialdruck in der Atmosphäre (RUTTEN 1971) und niedrigeren pH-Wert (MELNIK 1973) sowie eine niedrigere Wassertemperatur. Zu beachten ist ferner, daß die Photosynthese zeitweilig unter den Bedingungen einer reduzierenden Atmosphäre stattfand. Auch EICHMANN & SCHIDLOWSKI (1975) interpretierten die von ihnen ermittelten $\delta^{13}C$-Werte der organischen Substanz in früh-, mittel- und spätpräkambrischen karbonatischen Sedimenten als Ausdruck unterschiedlicher biologischer Isotopenfraktionierungen während dieser einzelnen Perioden. Gegen die Annahme im Vergleich zu heute isotopisch „leichterem" CO_2 ($\delta^{13}C$ etwa −20‰) in der präkambrischen Atmosphäre als Ursache für die beoachtete ^{12}C-Anreicherung der entsprechenden organischen Substanzen spricht das Fehlen eines signifikanten Unterschieds in den ^{13}C-Werten zwischen präkambrischen Karbonatgesteinen und phanerozoischen marinen Karbonaten (GALIMOW u. a. 1975, NAGY u. a. 1974, PERRY & TAN 1972).

Untersuchungen an Inhaltsstoffen von Pflanzen und Braunkohlen ergaben, daß sich diese chemischen Komponenten erheblich in ihrer isotopischen Zusammensetzung unterscheiden. So stellen stets die Lipide den isotopisch „leichtesten" Anteil organischer Primärsubstanz dar, während die Zellulose und andere Polysaccharide die höchste ^{13}C-Anreicherung aufweisen. Zwischen den Fetten und der Zellulose wurden Unterschiede von 6 bis 10‰ $\delta^{13}C$ gemessen (SILVERMANN & EPSTEIN 1958, PARK & EPSTEIN 1961, FISCHER u. a. 1970, 1971, CALDER & PARKER 1973). Selbst noch innerhalb einer Verbindungsgruppe, z. B. den Aminosäuren, und auch zwischen den verschiedenen C-Atomen ein und derselben Aminosäure treten Variationen bis zu 25‰ auf (ABELSON & HOERING 1961).
Je nach den Umweltbedingungen kann die chemische Zusammensetzung der Pflanzen erheblich abweichen, wie die Angaben von ABELSON (1959) zeigen (Tab. 1).

Algen	Hauptbestandteile der Algen (%, aschefrei)		
	Proteine	Lipide	Kohlenhydrate
Chlorella (günstige Wachstumsbedingungen)	46,4	20,2	33,4
Chlorella (ungünstige Wachstumsbedingungen)	13,1	63,4	23,5

Allein durch diese unterschiedliche Verteilung der Inhaltsstoffe in den Pflanzen können Variationen in der isotopischen Zusammensetzung hervorgerufen werden. Auch die erdgeschichtlich noch vor den Blaualgen auftretenden Bakterien bzw. procaryotischen Organismen (SCHOPF 1970) können zu größeren $\delta^{13}C$-Variationen in den ältesten Sedimenten geführt haben.

Syngenetisch und diagenetisch entstandene Variationen

Die aus der Photosynthese resultierenden isotopisch unterschiedlich zusammengesetzten Inhaltsstoffe sind gegenüber Zersetzungsvorgängen ungleich resistent, so daß dabei eine stoffliche und somit auch isotopische Selektion bestimmter Molekülklassen zu erwarten ist. Beispielsweise gehören die Lipide im Gegensatz zu der leicht abbaubaren Zellulosefraktion zu den relativ beständigsten Verbindungen. Je nach Diagenesebedingungen können die einen oder anderen biochemischen Verbindungen angereichert werden, was sich letztlich auch in der isotopischen Zusammensetzung der verbleibenden organischen Restsubstanzen widerspiegeln muß.

Desweiteren dürfen die Veränderungen der primären organischen Substanz während des Diageneseprozesses infolge selektiven Migrationsverlustes mobiler Stoffe nicht außer acht gelassen werden. Diese können an ^{13}C angereichert sein und dadurch eine relative ^{12}C-Anreicherung in der Restsubstanz bewirken. Betrachten wir die einzelnen Schritte der Umwandlung organischen Materials in Sedimenten, die bis zu graphitischem Kohlenstoff führen können, so unterscheiden sich zwar die einzelnen Endprodukte in ihrer isotopischen Zusammensetzung, sie liegen aber alle im Variationsbereich des $\delta^{13}C$-Gehalts in organischen Substanzen (Abb., Tab. 5).

b) Der Einfluß der Metamorphose auf die isotopische Zusammensetzung von Graphiten

In der Literatur (z. B. WICKMAN 1953, GAVELIN 1957, DEGENS 1969, HOEFS 1973a, JEREMENKO & MAXIMOW 1974, SIDORENKO & SIDORENKO 1975) wird hin und wieder die Auffassung vertreten, daß die Inkohlung oder Regional- und Kontaktmetamorphose das Isotopenverhältnis des organischen Kohlenstoffs in Sedimenten nicht beeinflussen. Diese extreme Ansicht ist durch neuere Arbeiten (ANDREAE 1974, BAKER & CLAYPOOL 1970, BARKER & FRIEDMAN 1969, MCKIRDY & POWELL 1974, ROGERS u. a. 1974, KAEMMEL u. a. (in Vorbereitung 1977)) widerlegt worden, wenn auch die beobachteten Veränderungen nicht sehr groß sind. Der bei thermischer Einwirkung auftretende kinetische Isotopieeffekt hat eine bevorzugte Konzentrierung von ^{12}C in der abgespaltenen Gasphase zur Folge (SILVERMAN 1964), während in der Restsubstanz (Erdöl, Kohle, Graphit) das Nuklid ^{13}C angereichert wird. Die hierdurch in der Festsubstanz auftretenden Veränderungen der isotopischen Zusammensetzung liegen in der Größenordnung von nur wenigen Promille, wie u. a. die Untersuchungen an Kohlen (MAASS u. a. 1975), Erdölen (ROGERS u. a. 1974) und graphitischen Substanzen (BARKER & FRIEDMAN 1969) gezeigt haben. Müßte man als Folge thermischer Einwirkung mit wesentlich stärkeren Veränderungen der isotopischen Zusammensetzung rechnen, so könnten im Verlauf der Metamorphose[2])

[2]) Es sei hier nochmals auf den unterschiedlichen Gebrauch des Metamorphosebegriffs bei der Umwandlung organischer Sedimente („Kohlenmetamorphose") und bei der Petrogenese der Metamorphite (Grenze Diagenese/Metamorphose etwa um 200°C, s. WINKLER 1970) hingewiesen. Endglied der Inkohlungs (Carbonisierungs-) Reihe ist Graphit; sie umfaßt also im petrographischen Sinne sowohl den Diagenese- als auch Metamorphosebereich (s. z. B. LANDIS 1971). Der Metamorphosebegriff in vorliegender Arbeit wurde in letzterem Sinne verwendet.

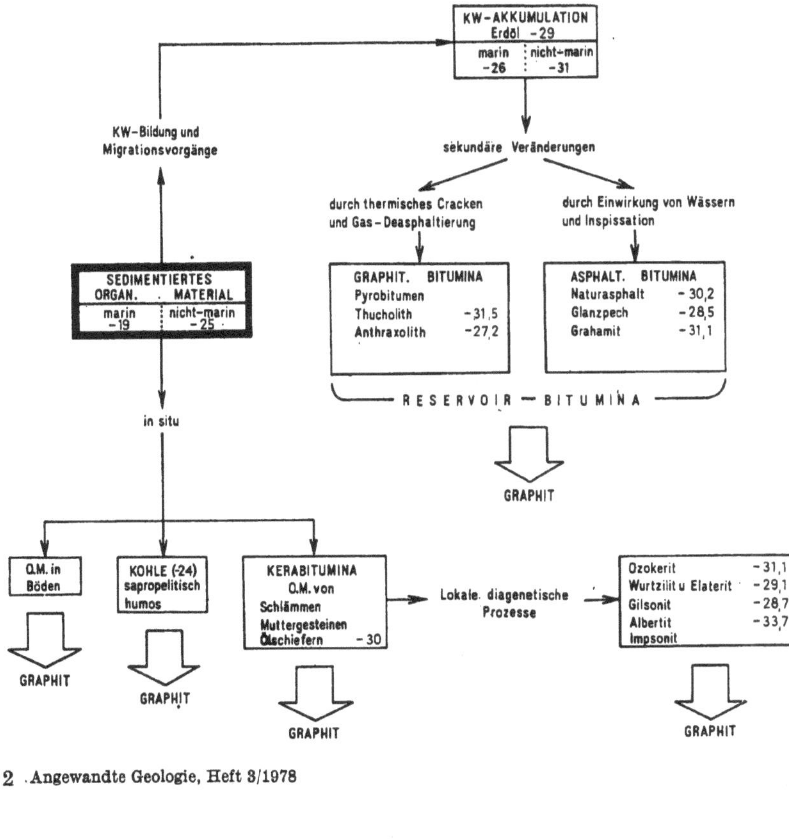

Abbildung

Tab. 5. $\delta^{13}C$-Werte einiger ausgewählter Bitumina und organischer Sedimente (Mittel- und Einzelwerte z. T. in Abb. 1 eingearbeitet)

Untersuchungsmaterial	$\delta^{13}C_{PDB}$ [‰]	Quellenangabe
1. Albertit:		
Bentheim; BRD	−33,7	SCHIHAB (1971)
2. Anthraxolith:		
Elbingeröder Komplex, Büchenberg (Devon), Harz; DDR	−29,3	diese Arbeit
Mansfeld, E.-Thälmann-Schacht (Zechstein, Plattenband); DDR	−20,5	diese Arbeit
Gera (Silur); DDR	−28,9	OSSENKOPF (1976)
Reichenbach (Silur); DDR	−30,4	OSSENKOPF (1976)
Tamwatnejsker Hg-Lagerstätte, Anadyr-Senke; UdSSR (mesoz.)	−25,2 (4)	GALIMOW (1973)
Donbass; UdSSR	−30,4	KORSHINSKI u. a. (1975)
Turda; Rumänien (Schlotbrekzie)	−25,9	KORSHINSKI u. a. (1975)
Sudbury, Ontario; Canada	−27,3	HOERING (1963)
3. Glanzpech:		
Insel Barbados, („Manjak")	−28,5	SCHIHAB (1971)
4. Grahamit:		
Epsurvalley, Oklahoma; USA	−31,1	SCHIHAB (1971)
5. Gilsonit:		
Utah; USA	−29,3	SCHIHAB (1971)
Utah; USA (1,38% S)	−26,9	diese Arbeit
Utah; USA (Eozän)	−29,9	SILVERMAN & EPSTEIN (1958)
Lagerstätte Njamedskoje (Karbon); UdSSR	−20,8	KATTSCHENKOW (1975)
6. Ozokerit:		
Utah; USA (Paläozän)	−32,0	SILVERMAN & EPSTEIN (1958)
dito	−32,5	SILVERMAN & EPSTEIN (1958)
Kutais, Transkaukasien; UdSSR	−34,0	SCHIHAB (1971)
Lagerstätte Jaregskoje; UdSSR (Devon)	−22,8 bis 28,2	KATTSCHENKOW (1975)
Galizien; UdSSR	−25,9	diese Arbeit
Diamanten-Pipe „Mir", Ostsibirien; UdSSR	−36,9	KRAWZOW u. a. (1975)
Galizien; UdSSR	−27,3	NISSENBAUM & AIZENSHTAT (1975)
Ein Humar, Jordan, Totes Meer	−27,9	NISSENBAUM & AIZENSHTAT (1975)
Uinta Basin; USA	−32,0	NISSENBAUM & AIZENSHTAT (1975)
7. Elaterit:		
Cartleton (Bleierzgänge)	−29,1	diese Arbeit
8. Naturasphalt:		
Bentheim; BRD	−32,0	diese Arbeit
Batraki/Wolga; UdSSR	−30,0	SCHIHAB (1971)
Cambula; Angola („Libollit")	−32,6	SCHIHAB (1971)
Manthia b. Pharrae; Griechenland	−26,7	SCHIHAB (1971)
Asphaltit, Ain Dschiti; Jordanien	−31,1	SCHIHAB (1971)
Rest-Teer	−28,7	CRAIG (1953)
Totes Meer	−27 bis −27,5	NISSENBAUM & AIZENSHTAT (1975)
9. Thucholith:		
in Pegmatiten, Pied des Monts, Quebec; Canada	−45	BERGER (1966)
Thucholith	−31,0	KROUSE & MODZELESKI (1970)
Blind River District, Ontario; Canada (Huronian)	−21,7 bis −38,8	EICHMANN & SCHIDLOWSKI (1974)
Witwatersrand (Präkambrium)	−23,4 bis −33,8	HOEFS & SCHIDLOWSKI (1967)
10. Pyrobitumen:		
Pine Point, N. W. T.; Canada	−23,5 −27,5	KROUSE & MODZELESKI (1970)

Tab. 5. (Fortsetzung)

Untersuchungsmaterial	$\delta^{13}C_{PDB}$ [‰]	Quellenangabe
11. Böden:		
Waldboden, West Hartford, Connecticut; USA	−27,6	KROUSE & MODZELESKI (1970)
Huminsäuren verschiedener Böden (Waldboden, Terra rossa, Rendzina...)	−25 bis −29	NISSENBAUM & KAPLAN (1972)
12. Ölschiefer, Schwarzschiefer u. a. C-reiche, bituminöse Sedimente:		
Ölschiefer, Green River Formation Colorado; USA (Eozän)	−29,5	CRAIG (1953)
dito, Utah; USA	−31,9	SILVERMAN & EPSTEIN (1958)
Ölschiefer, Green River Formation Colorado; USA (Eozän)	−30,7 (⌀ 8) (−29,7 bis −31,7)	ROBINSON (1969)
Ölschiefer, Green River Formation, de Beque, Colorado (Eozän)	−29,9	HOERING (1967)
Ölschiefer, Tasmanien (Perm)	−28,7	CRAIG (1953)
Kupferschiefer, DDR u. BRD (Zechstein)	−26 bis −28,5	MAROWSKY (1969)
Posidonienschiefer; DDR (Lias)	−30,2	MAASS u. a. (1975)
Kuckersit, Estn. SSR; UdSSR (Ordovizium)	−32,1	MAASS u. a. (1975)

() − Anzahl der gemittelten Einzelwerte

Die Angaben zur Metamorphose sind i. a. der Literatur entnommen, in wenigen Fällen beruhen sie auf Informationen durch Fachkollegen, bzw. eigenen Untersuchungen. Die röntgenographischen Untersuchungen, die an einem Teil der Proben durchgeführt wurden, stehen mit diesen Angaben im Einklang. Die untersuchte kohlige Substanz, bzw. der Graphit, variiert von d2- und d3- „Graphiten“ in den nicht bzw. sehr schwach metamorphen Gesteinen (WINKLER, H. J. N. Jb. Min. Mn. 1970, 189−248) bis zum völlig geordneten Graphit aus hochmetamorphen bzw. anatektischen Gesteinen (LANDIS 1971). In ganz wenigen Fällen ergab sich ein besser geordneter Graphit als erwartet (z. B. von Gniewkow-046-, infolge, kontaktmetamorpher Überprägung?). Die Kennzeichnung des Diagenese- bzw. Metamorphosegrads „m“ ist wie folgt verschlüsselt:

0 Diagenese (Steinkohlenstadium bis Fettkohle),
1 Anchimetamorphose,
2 Grünschieferfazies,
3 Amphibolitfazies,
4 Sonderfazies,
5 Kontaktmetamorphose.

sapropelitischer und humoser organischer Substanzen bis zur Endstufe Graphit (Abb.) die primär vorhandenen charakteristischen $\delta^{13}C$-Wertebereiche beider organischer Substanzgruppen in Richtung positiverer $\delta^{13}C$-Werte verschoben werden und daraus Überlappungen resultieren. Damit würde eine Abgrenzung der unterschiedlichen Primärsubstanzen anhand der $\delta^{13}C$-Werte ihrer metamorphen Äquivalente nicht mehr möglich sein. Eine solche Unterscheidung konnte aber in gewissen Grenzen vorgenommen werden, wie die Tab. 1 und 2 verdeutlichen.

Unsere Untersuchungen ergaben, daß sich eine Anzahl von Graphitproben mit ihren ^{13}C-Werten nicht in die eingangs erwähnten genetischen Gruppen einordnen läßt (die $\delta^{13}C$-Werte der betreffenden Proben tendieren generell zum Positiven), obwohl auf Grund der geologischen Befunde die Herkunft aus primär humosem, sapropelitischem bzw. bituminösem organischen Material belegt ist. Es fällt auf, daß es sich hierbei fast durchweg um Graphite handelt, die eine enge räumliche Beziehung zu Karbonatgesteinen haben und darüber hinaus einer relativ hohen thermischen Beanspruchung (Metamorphosegrad: mindestens Amphibolitfazies) unterlagen. Dies ist Grund zu der Annahme, daß der Karbonatkohlenstoff auf irgendeine Art und Weise die isotopische Zusammensetzung dieser Graphite beeinflußt hat. Für diese Einflußnahme sind insbesondere zwei Prozesse hervorzuheben:

— Der Graphitkohlenstoff entstammt zumindest teilweise einer anorganischen Kohlenstoffquelle mit isotopisch „schwerem“ Kohlenstoff (Karbonate: CO_2, auch endogenes), aus der er durch Reduktionsvorgänge freigesetzt wurde. Diese Möglichkeit erwägen z. B. LOBSOWA u. a. (1971) und SCHABO & MAMTSCHUR (1973) zur Deutung der Genese isotopisch vergleichsweise „schwererer“ Graphite in Karbonatgesteinen des Botogolmassivs in Sibirien bzw. der Lagerstätte Sawalje, in der Ukrainischen SSR, sowie HAHN-WEINHEIMER u. a. (1969) am Beispiel der Graphitlagerstätte Kropfmühl im NE von Bayern.
— Es hat während der Metamorphose eine Wechselwirkung zwischen Karbonat- bzw. CO_2- und organischem (Graphit)-Kohlenstoff stattgefunden (KONIKOW 1975, HAHN-WEINHEIMER 1971, SIDORENKO u. a. 1972).

Anorganische Kohlenstoffquelle

Daß eine Graphitbildung auf anorganischem Weg (s. HAHN-WEINHEIMER 1971, HOEFS 1973b) nicht völlig auszuschließen ist, darauf weist schon das Auftreten von Graphit in Meteoriten hin:

Meteoritentyp	$\delta^{13}C$-Werte [‰] PDB	Literatur
Eisenmeteoriten	−4,8 bis −8,2 (meist zwischen −5 und −6)	DEINES & WICKMAN (1973, 1975) WDOWYKIN (1969)
kohlige Chondrite	−3 bis −29	NAGY (1975)

Doch thermodynamische Betrachtungen (CRAIG 1954) sowie eine Vielzahl von geologischen Tatsachen sprechen für einen organischen Entstehungsweg der meisten Graphitvorkommen in der Erdkruste, einschließlich ^{13}C-reicher Graphite.
Die anorganische Graphitbildung, beispielsweise aus $CaCO_3$ bzw. aus CO_2, wird stets ein äußerst seltener Fall sein (HAHN-WEINHEIMER 1965), der nur unter ganz speziellen geologischen Bedingungen eintritt. So ist z. B. CO_2 über den gesamten Temperaturbereich der Metamorphose beständig, wenn keine reduzierenden Elemente vorhanden sind. Nur in Gegenwart starker Reduktionsmittel wie

metallisches Eisen oder freier Wasserstoff kann aus CO_2 oder $CaCO_3$ entstehen, worauf CRAIG (1954) bereits hinwies und was in jüngerer Zeit von GIARDINI u. a. (1968) experimentell bestätigt wurde.

Doch gerade metallisches Eisen oder freier Wasserstoff liegen in der äußeren Erdhülle äußerst selten vor. Selbst in Gegenwart von Katalysatoren führt das lediglich Erhitzen von Kalkstein während der Gesteinsmetamorphose nicht zur Graphitbildung. Eine Ausnahme stellt in diesem Zusammenhang das System Fe—C—O dar. In diesem bildet sich Graphit unter petrologisch möglichen Bedingungen: $3FeCO_3Fe_3O_4 + C + Gas$ (SEGUIN 1971). Die wahrscheinlichste Quelle für die Hauptmenge des Graphitkohlenstoffs in der Erdkruste ist im allgemeinen der organische Kohlenstoff. Selbst in einer Vielzahl von Fällen, wo anhand der $\delta^{13}C$-Werte ein anorganischer Bildungsweg von Graphit erwogen werden könnte (z. B. KONIKOW 1975, HAHN-WEINHEIMER u. a. 1969, LOBSOWA u. a. 1971, GRINBERG u. a. 1971), kann die organische Herkunft der betreffenden Graphite nicht zweifelsfrei ausgeschlossen werden; beispielsweise auf Grund geologischer Kriterien wie: Vergesellschaftung mit primär organisches Material führenden Karbonaten oder auch anderen Gesteinen, lithologisch-fazieller Charakter der Nebengesteine (Metasedimente), reliktische Schichttexturen, Spurenelementverteilung u. a. m., die alle für die primär organische Natur des in den Gesteinen fixierten graphitischen Kohlenstoffs sprechen.

Als Beispiel seien hier die mit Alkaligesteinsintrusionen verknüpften Graphitlagerstätten Sibiriens und des Fernen Ostens genannt, für deren Genese von einigen Autoren der anorganische Bildungsweg über eine Assimilation (oder Metasomatose) karbonatischer Gesteine durch das intrudierende Magma, über die Reduktion des gebildeten CO_2 zu CO und nachfolgende Zersetzung des CO nach der Boudouard-Reaktion

$$2\,CO = C + CO_2$$

im postmagmatischen Stadium angenommen wurde. IKORSKI u. a. (1973) z. B. sprechen sich gegen eine derartige anorganische Graphitentstehung aus mit dem Gegenargument, daß in vielen Gebieten der UdSSR mit analogen geologischen Verhältnissen, wo ebenfalls günstige Assimilationsbedingungen herrschten, keine Graphitvorkommen existieren. Diese seien nur dann zu finden, wenn Alkaligesteinsmassive in bituminösen Sedimentgesteinen auftreten und wenn durch hydrothermale Tätigkeit organische Kohlenstoffverbindungen herausgelöst worden sind, die nachfolgend zu Graphit oxydiert wurden: $C_mH_n \rightarrow CH_4 + C$ (Graphit).

Zur Wechselwirkung zwischen organischem und anorganischem Kohlenstoff

Der Graphit in Alkaligesteinen des Kija-Schaltrysker Massivs, im Kusnezker Alatau, wird von IKORSKI u. a. (1973) aus dem Kohlenstoff der organischen Substanz der als Nebengestein auftretenden bituminösen kambrischen Kalksteine abgeleitet.

Nach C-Isotopenuntersuchungen sind jedoch die Graphite um ca. 7‰ gegenüber der nichtmetamorphen organischen Substanz dieser Kalksteine an ^{13}C-angereichert. Das sei nach den genannten Autoren durch einen Isotopenaustausch zwischen Graphit- und Karbonatkohlenstoff über das CO_2 erklärbar, d. h., es hat bei hohen Temperaturen eine Wechselwirkung zwischen anorganischem und organischem Kohlenstoff stattgefunden.

Im folgenden sollen daher Probleme der Wechselwirkung zwischen organischem und anorganischem, d. h. isotopisch „leichtem" und „schwerem" Kohlenstoff als die wahrscheinlichere Ursache für die Veränderungen der isotopischen Zusammensetzung von Graphiten eingehender diskutiert werden.

Unterliegen z. B. Karbonatgesteine, organische Substanz und Wasser gemeinsam thermischer Einwirkung bis zur Graphitisierung der organischen Substanz, so werden verschiedenste Reaktionen unter Beteiligung von CO, CO_2, CH_4, O_2, H_2 ablaufen. Welche Reaktionen dominieren, hängt von den geologischen Gegebenheiten ab, die solche für den Ablauf der chemischen Reaktionen wichtigen Parameter wie Druck, Temperatur, Konzentration, Partialdrücke bzw. Fugazitäten, Redoxpotential bestimmen. Der $\delta^{13}C$-Wert des Endprodukts Graphit wiederum wird von einer Vielzahl Faktoren beeinflußt, deren komplexes Zusammenwirken, von der isotopenchemischen Seite her theoretisch oder experimentell zu erfassen, bisher noch nicht gelungen ist. Nach CRAIG (1954) gehören zu solchen Faktoren die Temperatur, der Grad der erreichten einzelnen Gleichgewichtseinstellungen zwischen den verschiedenen C-Verbindungen und das Mengenverhältnis organischer Kohlenstoff/Karbonatkohlenstoff.

Diese Vielzahl von Einflüssen läßt klar erkennen, daß eine Ähnlichkeit der $\delta^{13}C$-Werte von Karbonaten und Graphiten noch keinen eindeutigen Beweis für eine genetische Beziehung zwischen beiden darstellt.

Aus organischer Substanz entstandene Graphite, die durch ihre Genese tiefere Negativwerte von $\delta^{13}C$ aufweisen, können in der isotopischen Zusammensetzung zu zum Positiven tendierenden $\delta^{13}C$-Werten verschoben werden, wenn als Austauschpartner ^{13}C-reichere, i. w. C-Verbindungen wie Karbonate ($\delta^{13}C$-Variationsbreite mariner Karbonate etwa −4‰ bis +4‰), daraus freigesetztes CO_2, das nach USTINOW (1976) im Vergleich zum zugehörigen Karbonat $\delta^{13}C$-reicher sein kann, oder juveniles CO_2 beteiligt sind. Für juvenilen Kohlenstoff werden $\delta^{13}C$-Mittelwerte von −6 bis −7‰ angegeben (WICKMAN 1956, DEGENS 1969, GALIMOW 1968, 1973, HOEFS 1973b).

HAHN-WEINHEIMER (1965) hatte bereits auf die Metamorphose als mögliche Ursache für die von ihr beschriebene Angleichung von $CaCO_3$ und Graphit in den ^{13}C-Werten hingewiesen.

Die von HAHN-WEINHEIMER benutzte Kennzahl A

$$A = \frac{^{13}C(\text{Graphit})}{^{13}C(\text{Karbonat})}$$

geht mit steigendem Metamorphosegrad gegen den Wert 1. Auch KONIKOW (1975) stellte einen allmählichen Übergang von isotopisch „schweren" zu „leichten" Graphiten parallel zur Abnahme des Metamorphosegrads fest.

Für das Isotopenaustauschsystem C(Graphit)—$CaCO_3$ zieht HAHN-WEINHEIMER (1971) die Möglichkeit der Einstellung eines Austauschgleichgewichts zwischen schmelzflüssigem $CaCO_3$ und festem Kohlenstoff in Betracht. Ein Austausch der C-Isotope durch Festkörperdiffusion wäre schwieriger vorstellbar. Allerdings können in vielen Gebieten mit Graphitvorkommen, wo die isotopische Zusammensetzung der Graphite auf einen Isotopenaustausch hindeutet, auf Grund der geologischen Situation keine $CaCO_3$-Schmelzen existiert haben. Es ist demnach plausibler, daß eine Wechselwirkung nicht zwischen den Komponenten Karbonat und Graphit, sondern zwischen der flüchtigen Komponente CO_2 und Graphit über das BOUDOUARD-Gleichgewicht stattfindet

$$CO_2 + C = 2\,CO$$

zumal, die große Rolle, die das CO_2 in der Gesteinsmetamorphose spielt, aus petrogenetischen Untersuchungen hinlänglich bekannt ist.

Während zunehmender Metamorphose karbonatischer Gesteine werden beachtliche Mengen an gasförmigem CO_2 abgegeben. So berechneten SIDORENKO u. a. (1973) einen durchschnittlichen CO_2-Verlust im Verlauf der Metamorphose von Sedimentgesteinen zu Amphiboliten und Plagioklas-Pyroxen-Metamorphiten von 6,2 Gew.-% des Ausgangsgesteins, wobei dieser Wert in Abhängigkeit von dessen petrographischer Zusammensetzung z. T. noch beträchtlich höher — beispielsweise für dolomitische Mergel doppelt so groß — sein kann. Dies verdeutlicht, welche große Bedeutung dem mobilen CO_2 für Wechselwirkungsprozesse mit Graphit beigemessen werden muß.

Eine solche Betrachtung vermag die Entstehung von diskordanten Graphitgängen bzw. graphitführenden Gängen sowie von Graphitimprägnationen des Nebengesteins zu erklären. Derartige diskordante Graphite sind aus Ceylon und vielen anderen Vorkommen bekannt. Sie kommen z. T. mit konkordant eingelagertem Graphit vor.

BOTTINGA (1969a, b) hat versucht, die durch Austauschvorgänge bedingten Isotopenfraktionierungen rechnerisch zu erfassen und berechnete u. a. für die koexistierenden Paare CO_2—C, $CaCO_3$—C, $CaCO_3$—CO_2, $CaCO_3$—CH_4 unter der Voraussetzung von Gleichgewichtsbedingungen die C-Isotopenfraktionierungsfaktoren.

In der Natur wird es oftmals sicher zur Einstellung von Gleichgewichten gekommen sein, namentlich bei Feststoffsystemen, wie die Ergebnisse der Mineralfaziesanalyse metamorpher Paragenesen belegen.
Andererseits aber ergaben Berechnungen der Gleichgewichtstemperaturen unter Verwendung dieser BOTTINGAschen Isotopenfraktionierungsfaktoren in einigen Fällen für das C—$CaCO_3$-Paar geologisch unreale, entweder viel zu hohe oder zu niedrige Temperaturwerte. Das deutet auf fehlendes Gleichgewicht hin oder darauf, daß kein einfacher Isotopenaustausch zwischen zwei, sondern zwischen einem ganzen Komplex von Komponenten (C, CO_2, $CaCO_3$, CH_4, CO) möglicherweise stattgefunden hat. Insbesondere beim Zirkulieren CO_2-führender fluider Medien innerhalb des Gesteinsverbands unter Verlust von Anteilen der flüchtigen Phase ist kaum mit der Ausbildung idealer Gleichgewichtszustände zu rechnen.

Da verschiedentlich auch Graphit in karbonatfreien Metasedimenten anomal hohe $\delta^{13}C$-Werte aufweist, in der näheren Umgebung aber Karbonate vorkommen, nehmen Verf. an, daß unter diesen Bedingungen in solchen Fällen eine Wechselwirkung zwischen einer fluiden CO_2-führenden Phase und dem Graphit stattgefunden hat. Als Stütze für diese These sollen die nachfolgenden Fakten dienen:

— Am Beispiel der Graphitlagerstätte Kropfmühl/Bayern zeigten die Untersuchungen von HAHN-WEINHEIMER u. a. (1969) über die Variation der Graphit $\delta^{13}C$-Werte im Querschnitt von zwei Graphitflözen, im Gneis und Amphibolit, daß in Flözmitte die $\delta^{13}C$-Werte stärker negativ sind und in Richtung auf die Liegend- und Hangendgrenze um maximal 9‰ größer werden (a. a. O., Abb. 5, S. 527). Diese Tendenz läßt sich damit gut erklären, daß im Flözrandbereich der Isotopenaustausch auf Grund der hier günstigeren Bedingungen intensiver vonstatten ging.

— In derselben Lagerstätte zeigen die $\delta^{13}C$-Werte der Graphite eine Abhängigkeit vom tektonischen Beanspruchungsgrad des Nebengesteins (Tab. 6). Auf einer Harnischfläche im Amphibolit wurde mit einem $\delta^{13}C$-Wert von —15‰ einer der ^{13}C-reichsten Graphite dieser Lagerstätte überhaupt gefunden. Das Auftreten im Durchschnitt ^{13}C-reicherer Graphite in tektonisch stärker durchbewegten Gesteinen ist unserer Meinung nach auf die in intensiv dynamometamorphen Bereichen günstigeren Austauschbedingungen (bessere Wegsamkeit für migrierendes CO_2, Reibungswärme) zurückzuführen.

— GRINBERG u. a. (1971) und SCHABO & MAMTSCHUR (1973) berichteten über eine gesetzmäßige Zunahme des ^{13}C-Anteils in Graphiten innerhalb von Gneisen mit Verringerung der Entfernung von Karbonatgesteinseinschaltungen (Lagerstätte Sawalje, Ukrainische SSR). Auch KONIKOW (1975) verweist auf das Vorhandensein deutlich an ^{13}C-angereicherter Graphite in Karbonatgesteinslagen benachbarter Gneise. Mit zunehmender Entfernung von der Karbonatschicht nahm die Intensität dieser augenscheinlichen Wechselbeziehung zwischen CO_2-Kohlenstoff und Graphit, die von ersteren Autoren aber nicht als solche interpretiert wird, kontinuierlich ab.

Daß die ^{13}C-Zunahme in Graphiten nicht unbedingt an das Vorhandensein von Karbonaten in unmittelbarer Nähe gebunden sein muß, aber an die Einwirkung von CO_2, wird durch weitere Beobachtungen erhärtet. Zwei der von uns untersuchten Graphite (Probenr. 052 und 057), d. h. eindeutig aus Humuskohlen hervorgegangene Graphite, weisen nicht die für diesen Typ allgemein gefundenen $\delta^{13}C$-Werte, die etwa denen der Ausgangskohlen entsprechen, auf, sondern sind deutlich an ^{13}C angereichert.

Tab. 6. Der ^{13}C-Gehalt in Graphiten in Beziehung zum Grad der tektonischen Beanspruchung (nach HAHN-WEINHEIMER, MARKL & RASCHKA 1969)

tektonische Beanspruchung	Gesteinstyp	$\delta^{13}C$-Variation [‰]	Probenzahl	$\delta^{13}C$-Mittelwert
↓	normaler Gneis	—20···—26	6	—24
	gefalteter Gneis	—15···—12	3	—18
	Amphibolit	—15···—22	5	—18

Das wird verständlich, wenn man die geologische Situation der beiden Graphitvorkommen berücksichtigt. Beide sind durch Kontaktmetamorphose, verursacht durch Intrusiva, entstanden (STUTZER 1933, BOGDANOWA 1965, MÜHLEN, VON ZUR 1923). Die isotopische Zusammensetzung der Graphite wurde wahrscheinlich durch die in Verbindung mit den Intrusiva stehenden CO_2-führenden Fluida über Isotopenaustausch verändert. Einen Anhaltspunkt für diese Deutung liefert die von BOGDANOWA (1965) beschriebene kalzitische Kluftmineralisation in kontaktmetamorph graphitisierten Kohlenflözen des Turuchansker Kohlenreviers, die zweifellos eine Folgeerscheinung hydrothermaler Tätigkeit im Zusammenhang mit den Doleritintrusionen ist.
Auf Grund in groben Zügen vergleichbarer geologischer Gegebenheiten (siehe SIDORENKO & SIDORENKO 1973) könnten analoge kontaktmetamorphe Einflüsse auch verantwortlich sein für die z. B. von SIDORENKO u. a. (1972) erwähnte ungewöhnlich große Schwankungsbreite der $\delta^{13}C$-Werte von Schungiten (—14,6 bis —42‰) obwohl diese nur schwach regionalmetamorph (siehe GREW 1974, SCHTERENBERG 1963) überprägt sind.
Bei der Angleichung der Isotopenverhältnisse von organischem und anorganischem Kohlenstoff durch Austauschvorgänge zwischen Graphit, Karbonat bzw. CO_2 im Gefolge des metamorphen Geschehens spielen offensichtlich, wie bereits erwähnt, die Mengenverhältnisse der im Austausch befindlichen Komponenten zueinander eine größere Rolle. Diese Schlußfolgerung wird auch durch die Arbeiten von CRAIG (1954), HAHN-WEINHEIMER (1965) und KONIKOW (1975) deutlich. Bei großem $C_{anorg.}/C_{org.}$-Verhältnis hat der $\delta^{13}C$-Wert des $C_{org.}$ eine deutliche Tendenz zum Positiven als bei umgekehrtem Mengenverhältnis. Die Tatsachen, daß z. B. feinverteilte Graphitschuppen in Marmoren vergleichsweise ^{12}C-ärmer sind gegenüber kompakten Graphiteinlagerungen (HAHN-WEINHEIMER 1965, 1969) oder daß der Karbonatgehalt von Sedimenten in direkter Beziehung zum ^{13}C-Gehalt des darin vorkommenden Graphits steht (KONIKOW 1975), stützen diese Aussage. Als weitere Bestätigung dienen die analogen Ergebnisse von BAERTSCHI (1957) über den Kohlenstoffisotopenaustausch an Karbonaten, wonach dünne Karbonatlagen in ihrer isotopischen Zusammensetzung stärker durch Isotopenaustausch mit CO_2-führenden Lösungen verändert worden sind als mächtigere Einschaltungen.
Die Möglichkeit einer Veränderung der isotopischen Zusammensetzung von Graphit durch chemische Umsetzung mit flüchtigen Verbindungen wie CO_2, CO, CH_4 und H_2O wurde bereits von KAEMMEL u. a. (in Vorbereitung) diskutiert. Hier einige ergänzende Bemerkungen dazu.

Stabilitätsuntersuchungen von FRENCH & EUGSTER (1965) und FRENCH (1966) über das System Graphit—CO_2/H_2O-Gasphase im Gleichgewicht ergaben, daß in einem weiten Bereich geologisch realer Bedingungen Methan einen bedeutenden

Anteil in der Gasphase ausmachen kann. Danach wird bei Sauerstoffugazitäten (f_{O_2}), die dem unteren Teil des Stabilitätsfelds von Magnetit entsprechen und wo Fayalit stabil ist, Methan in der Gashpase dominieren und das Fugazitätsverhältnis f_{CH_4}/f_{H_2} unterhalb 800°C größer als 1 sein. Das Auftreten von Methan aber würde bedeuten, daß der Graphitanteil zurückgeht, wobei eine Isotopenfraktionierung zwischen Restgraphit (^{13}C-reicher) und Gasspezies (^{12}C-reicher) nicht auszuschließen ist.

An verschiedenen Graphitvorkommen wurde die Konsumtion von Graphit, vermutlich durch Reaktionen wie

$$C + CO_2 \rightarrow 2CO$$

$$3C + 2H_2O \rightarrow CH_4 + 2CO \text{ oder}$$

$$C + 2Fe_2O_3 \rightarrow CO_2 + 4FeO$$

geologisch belegt von SHARMA & NARAYAN (1974), NOKLEBERG (1973), PETROW u. a. (1973) und BARKER & FRIEDMAN (1969).

Zusammenfassend kann festgestellt werden, daß sowohl Gleichgewichtsprozesse (Isotopenaustausch) als auch Nicht-Gleichgewichtsprozesse (kinetische Isotopieeffekte) zur Anreicherung von ^{13}C in Graphiten gegenüber deren organischen Ausgangsmaterialien führen können.

Schlußbetrachtungen

Die untersuchten Graphite zeigen je nach Typ des organischen Ausgangsmaterials (humos oder sapropelitisch bzw. bituminös) unterschiedliche $\delta^{13}C$-Werte. Damit lassen die experimentellen Ergebnisse die Schlußfolgerung zu, daß anhand der isotopischen Zusammensetzung des Kohlenstoffs auch noch bei hochinkohlten Substanzen primär-organischer Sedimente Aussagen über den Charakter der organischen Ausgangssubstanzen in gewissen Grenzen möglich sind. Unter Berücksichtigung der in der Literatur publizierten Isotopendaten können hinsichtlich der Charakterisierung der Primärsubstanzen drei Bereiche von $\delta^{13}C$-Werten der metamorphen organischen Substanz ($C_{org.}$ ab Anthrazit bis Graphit) unterschieden werden.

Die metamorphe organische Substanz mit $\delta^{13}C$-Werten und geringer als $-25‰$ ist im allgemeinen bituminöser bzw. sapropelitischer Herkunft. Metamorphe organische Substanz mit $\delta^{13}C$-Werten i. D. zwischen $-25‰$ und $-19‰$ kann humos bzw. humos beeinflußt sein, unter besonderen faziellen Bedingungen im Präkambrium entstanden oder in geringem Maße während der Metamorphose durch Isotopenaustausch oder kinetische Prozesse beeinflußt worden sein. $\delta^{13}C$-Werte metamorpher organischer Substanz höher als $-18‰$ sind im allgemeinen ein Hinweis auf intensivere metamorphe Beanspruchung.

Auf Grund der dargelegten Ergebnisse kann hinsichtlich der Möglichkeit der Charakterisierung der Primärsubstanzen des Graphits folgende Zwischenbilanz gezogen werden. Der Graphit in kristallinen Gesteinen der Erdkruste, insbesondere in Paragesteinen hat in der Regel eine exogene Vorgeschichte und spiegelt reliktisch exogenes Geschehen und exogene Substanzbildung in endogener Prägung wider. Dies gilt auch für viele Graphite mit $\delta^{13}C$-Werten höher als $-18‰$. Rein endogen in der Erdkruste entstandener Graphit (z. B. beim Zerfall von $FeCO_3$) ist selten. Für eine merkliche Beteiligung von endogenem Kohlenstoff des Mantels an den Graphitbildungen in der Erdkruste gibt es keine überzeugenden Hinweise.

Eine Charakterisierung der organischen Primärsubstanzen nur anhand von $\delta^{13}C$-Werten ist z. Z. nur bei Proben mit $\delta^{13}C$-Werten allgemein niedriger als $-25‰$ möglich. Können anhand geologischer Fakten durch Metamorphose bedingte Isotopenfraktionierungen weitestgehend ausgeschlossen werden, so kann der Charakter der organischen Primärsubstanz von Graphiten über deren isotopische Zusammensetzung bestimmt werden.

Zusammenfassung

Die untersuchten Graphite zeigen je nach Typ des organischen Ausgangsmaterials, humos oder sapropelitisch bzw. bituminös, unterschiedliche $\delta^{13}C$-Werte. Damit lassen die experimentellen Ergebnisse die Schlußfolgerung zu, daß anhand der isotopischen Zusammensetzung des Kohlenstoffs auch noch bei hochinkohlten (metamorphen) primär-organischen Sedimenten Aussagen über den Charakter der organischen Ausgangssubstanzen in gewissen Grenzen möglich sind. Ursachen, die den relativ großen Variationsbereich in den $\delta^{13}C$-Werten der Graphite hervorrufen können, werden diskutiert.

Резюме

Исследованные графиты показывают в зависимости от типа исходного материала, гумусового или сапропелитового или же битуминосного, различные значения $\delta^{13}C$. Экспериментальные результаты этим же позволяют выводы, что на основе изотопного состава углерода еще возможно при высокоуглефицированных (метаморфических) первично-органических отложениях высказания о характере исходных органических веществ в определенных границах. Обсуждаются причины, которые могут вызвать относительно большой предел вариящии значений $\delta^{13}C$ графитов.

Summary

According to the type of initial organic material the graphites investigated show different humic or sapropelitic $\delta^{13}C$ values, and bituminous ones, respectively. Thus from experimental results may be concluded that by means of the isotopic composition of carbon statements on the character of initial organic substances can within certain limits be made even in highly-coalified (metamorphic) primary-organic substances. Causes producing the relatively wide range of variation in the $\delta^{13}C$ values of graphites are discussed.

Literatur[3])

ABELSON, P. H.: Geochemistry of organic substances. In: ABELSON, P. H. (ed.): Researches in Geochemistry, 1, 397–426. – Wiley & Sons, New York 1959.

ANDREAE, M. O.: Chemical and stable isotope composition of the high grade metamorphic rocks from the Arendal area, southern Norway. – Contrib. Mineral. & Petrol., 47, 299–316, Berlin (West) 1974.

BAKER, D. R.; CLAYPOOL, G. E.: Effects of incipient metamorphism on organic matter in mudrock. – Amer. Assoc. Petr. Geol. Bull., 54, 3, 456–468, Tulsa 1970.

BARGHOORN, E. S.: The oldest fossils. – Sci. Amer., 224, 30–42, New York 1971.

BARKER, F.; FRIEDMAN, I.: Carbon isotopes in pelites of the Precambrian Uncompahgre Formation, Needle Mountains, Colorado. – Geol. Soc. Amer. Bull., 80, 7, 1403–1408, Boulder 1969.

BENDER, M. M.: Variations in the $^{13}C/^{12}C$-ratios of plants in relation to the pathway of photosynthetic carbon dioxide fixation. – Phytochem., 10, 1239–1244, Oxford 1971.

BERGER, R.: The formation of thucholithe. – Trans. amer. Geophys. Union, 47, 2, 495 (abstr.), Washington 1966.

BOGDANOWA, L. A.: Petrographische Besonderheiten der thermometamorphosierten Kohle des Tungusker Beckens (russ.). – Litol. i. polesn. Iskop., 5, 43–56, Moskau 1965.

CALDER, J. A.; PARKER, P. L.: Geochemical implications of induced changes in ^{13}C fractionation by blue-green algae. – Geochim. et cosmochim. Acta, 37, 1, 133–140, London 1973.

Für die Bereitstellung von Untersuchungsmaterial danken wir dem Direktor des ZGI (Prof. Dr. SCHMIDT) sowie der Sammlung des TGI (Dr. VOGEL), den Sammlungen des Museums für Naturkunde (Prof. HOPPE, Prof. DABER, Dr. WAPPLER, Dr. JÄGER), der Sammlung des Zentralinstituts für Physik der Erde (Dr. BANKWITZ, Dr. NEUMANN) und der Bergakademie Freiberg (Prof. RÖSLER).

[3]) Hier nicht zitierte Literatur ist in HOEFS 1973a enthalten

CHALONER, W. G.: The rise of the first land plants. – Biol. Rev., 45, 3, 353–377, London, New York 1970.

CRAIG, H.: Geochemical implications of the isotopic composition of carbon in ancient rocks. – Geochim. et cosmochim. Acta, 6, 4, 186–196, London, New York 1954.

DEINES, P.; WICKMAN, F. E.: The isotopic composition of 'graphitic' carbon from iron meteorites and some remarks on the troilitic sulfur of iron meteorites. – Geochim. et cosmochim. Acta, 37, 5, 1295–1319, London 1973.

– A contribution to the stable carbon isotope geochemistry of iron meteorites. – Geochim. et cosmochim. Acta, 39, 5, 547–557, London 1975.

DEUSER, W. G.; DEGENS, E. T.; GUILLARD, R. L.: Carboisotope relationships between plankton and sea water. – Geochim. et cosmochim. Acta, 32, 6, 657–660, London 1968.

EICHMANN, R.; SCHIDLOWSKI, M.: Isotopic composition of carbonaceous matter from the Precambrian uranium deposits of the Blind River District, Canada – Naturwissenschaften, 61, 10, 449, Berlin (West) u. a. 1974.

–: Isotopic fractionation between coexisting organic carbon–carbonate pairs in Precambrian sediments. – Geochim. et cosmochim. Acta, 39, 5, 585–596, London 1975.

FRENCH, B. M.: Some geologic implications of equilibrium between graphite and a C–H–O gas phase at high temperatures and pressures. – Rev. Geophys., 4, 2, 223–253, Washington 1966.

FRENCH, B. M.; EUGSTER, H. P.: Experimental control of oxygen fugacities by graphite–gas equilibrium. – J. Geophys. Res., 70, 6, 1529–1539, Washington 1965.

GALIMOW, E. M.: Die Geochemie der stabilen Kohlenstoffisotope (russ.). – Isdat. Nedra, Moskau 1968.

– Die Kohlenstoffisotope in der Erdgasgeologie (russ.). – Isdat. Nedra, Moskau 1973.

GALIMOW, E. M.; MIGDISOW, A. A.; RONOW, A. B.: Veränderungen der Isotopenzusammensetzung der karbonatischen und organischen Kohlenstoffe von Sedimentgesteinen in der Erdgeschichte (russ.). – Geochimija, 3, 323–342, Moskau 1975.

GIARDINI, A. A.; SALOTTI, C. A.; LAKNER, J. P.: Synthesis of graphite and hydrocarbons by reaction between calcite and hydrogen. – Science, 159, 3812, 317–319, Washington 1968.

GREW, E. S.: Carbonaceous material in some metamorphic rocks of New England and other areas. – J. Geol., 82, 1, 50–73, Chicago 1974.

GRINBERG, J. W.; SCHABO, S. W.; MAMTSCHUR, G. P.; BRATUS, M. L.: Chemisch-genetische Zusammenhänge der stabilen Kohlenstoffisotopen von Graphiten und Karbonaten aus der Sawalliwer Lagerstätte. – Geochim. Gorjutschich Kopalin, 26, 69–77, Kiew 1971.

HAHN-WEINHEIMER, P.: Die Verwendung von stabilen Kohlenstoffisotopenverhältnissen zur Diskussion der Entstehung natürlicher Kohlenstoffverbindungen. – Geol. Rdsch., 60, 4, 1384–1392, Stuttgart 1971.

HAHN-WEINHEIMER, P.; MARKL, G.; RASCHKA, H.: Stable carbon isotope compositions of graphite and marble in the deposit of Kropfmühl/NE Bavaria. In: SCHENK, P. A.; HAVENAAR, I. (eds.): Advanc. organic Geochem. 1968, 517–533. – Pergamon Press, Oxford 1969.

HOEFS, J.: Stable Isotope Geochemistry. Monograph Series of Theoretica and Experimental Studies, 9, Subseries: Isotopes in Geology. – Springer-Verlag, Berlin (West) 1973 (1973a).

– Ein Beitrag zur Isotopengeochemie des Kohlenstoffs in magmatischen Gesteinen. Contr. Mineral. & Petrol., 41, 3, 277–300, Berlin (West) 1973 (1973b).

HOERING, T. C.: The organic geochemistry of Precambrian rocks. In: ABELSON, P. H. (ed.): Researches in Geochemistry, 2, 87–111. – Wiley & Sons, New York 1967.

HUNT, J. M.; DEGENS, E. T.: Carbon isotope fractionation in living and fossil organic matter. – Studia biophys., 4, 179–190, Berlin 1967.

IKORSKI, S. W.; DANZIG, S. JA.; PROCHOROW, W. S.: Graphit in Alkaligesteinen des Kija-Schaltyrsker Massivs (Kusnezker Alatau) (russ.). – Iswest. AN SSSR, Ser. Geol., 7, 79–86, Moskau 1973.

JEREMENKO, N. A.; MAXIMOW, S. P. (Hrsg.): Stabile Isotope in der Erdölgeochemie (russ.). – Moskau 1974.

KAEMMEL, T.; MAASS, I.; WAND, U.: Bemerkungen zur Isotopenvariation des Kohlenstoffs in hochinkohlten Substanzen und Graphiten vordevonischer Sedimente und Metamorphite. – Veröff. Zentr. Inst. Phys. Erde, 53, Berlin 1977.

KATTSCHENKOW, S. M.: Die Kohlenstoffisotopenzusammensetzung in der Erdöl-Erdgasprovinz des Timan-Petschora-Gebiets (russ.). – Geol. Nefti i Gasa, 10, 17–22, Moskau 1975.

KING, L. H.; GOODSPEED, F. E.; MONTGOMERY, D. S.: A study of sedimented organic matter and its natural derivatives (zitiert in ROGERS u. a. 1974). – Canada Dept. Mines and Tech. Surveys Mines Br. Research Rept. R 114, 68 S. (1963).

KONIKOW, A. S.: Über den Isotopenbestand des Kohlenstoffs von Karbonat und Graphit in hochmetamorphen Karbonatgesteinen des Ostsajan (russ.). – Dokl. AN USSR, 224, 5, 1177–1180, Moskau 1975.

KORSHINSKI, A. F.; MAMTSCHUR, G. P.; SCHABO, S. W.: Isotopenzusammensetzung des hochmetamorphen organischen Kohlenstoffs. – Dopowidi AN SSSR, Ser. B., 4, 302–305, Kiew 1975.

KRAWZOW, A. I.; KROPOTOWA, O. I.; WOITOW, G. I.; IWANOW, W. A.: Über den Isotopenbestand des Kohlenstoffs der Diamanten und Kohlenstoffverbindungen der Pipes der ostsibirischen Diamantenprovinz (russ.). – Dokl. AN SSSR, 223, 1, 206–208, Moskau 1975.

LANDIS, C. A.: Graphitization of dispersed carbonaceous material in metamorphic rocks. – Contrib. Mineral. & Petrol., 30, 1, 34–45, Berlin (West) 1971.

LOBSOWA, R. W.; WINOGRADOW, W. I.; LEBEDJEW, W. S.: Über die Genese des Betogolsker Graphits nach den Daten der Isotopenzusammensetzung des Kohlenstoffs (russ.). – Geol. rudn. Mestoroshd., 13, 4, 50–56, Moskau 1971.

MAASS, I.; KÜNSTNER, E.; HÜBNER, H.; NITZSCHE, H.-M.; SCHÜTZE, H.; ZSCHIESCHE, M.: Der Einfluß der petrographischen Zusammensetzung von Kohlen und bituminösen Sedimenten auf die stoffliche und isotope Zusammensetzung von Inkohlungsgasen künstlicher Nachinkohlungsreaktionen. 2. Teil: Das Verhalten der Kohlenstoffisotope bei Nachinkohlungsreaktionen. – Z. angew. Geol., 21, 11, 536–543, Berlin 1975.

MAROWSKY, G.: Schwefel-, Kohlenstoff- und Sauerstoffisotopenuntersuchungen am Kupferschiefer als Beitrag zur genetischen Deutung. – Contrib. Mineral. & Petrol., 22, 1, 290–334, Berlin (West) 1969.

MCKIRDY, D. M.; POWELL, T. G.: Metamorphic alteration of carbon isotopic composition in ancient sedimentary organic matter: new evidence from Australia and South Africa. – Geology (Sonderdruck), 2, 591–595 (1974).

MELNIK, JU. P.: Ein thermodynamisches Modell der geochemischen Entwicklung der Atmosphäre und des Ozeans im Präkambrium (russ.). – Geochimija, 12, 1855–1863, Moskau 1973.

MÜHLEN, L. VON ZUR: Über die neuen Untersuchungen der Graphitlagerstätten von Turuchansk in Sibirien. – Z. prakt. Geol., 31, 73–76, Halle 1923.

NAGY, B.: Carbonaceos Meteorites. – Amsterdam 1975.

NAGY, B.; KUNEN, S. M.: Carbon content and carbonate ^{13}C abundances in the Precambrian Swaziland sediments of South Africa. – Precambrian Res., 1, 43–48, Amsterdam 1974.

NISSENBAUM, A.; AIZENSHTAT, Z.: Geochemical studies of ozokerite from the Dead Sea area. – Chem. Geol., 16, 2, 121–127, Amsterdam 1975.

NISSENBAUM, A.; KAPLAN, I. R.: Chemical and isotopic evidence for the in situ origin of marine humic substances. – Limnol. & Oceanogr., 17, 4, 570–582, Lawrence 1972.

NOKLEBERG, W. J.: CO_2 as a source of oxygen in the metasomatism of carbonates. – Amer. J. Sci., 273, 6, 498–514, New Haven 1973.

PARK, R.; EPSTEIN, S.: Metabolic fractionation of ^{13}C and ^{12}C in plants. – Plant Physiol., 36, 133–138, Kutztown 1961.

PETROW, W. P.; BELYCH, L. A. u. a.: Der Kohlenstoff in metamorphen Gesteinen des Potomsker Hochlands (russ.). – Dokl. AN SSSR, 213, 1, 190–193, Moskau 1973.

ROBINSON, W. E.: Kerogen of the Green Formation. – In: EGLINTON, G.; MURPHY, M. T. J. (Eds.), Organic Geochemistry. – Methods and Results, 619–637, Springer-Verlag, Berlin (West) 1969.

ROGERS, M. A.; MCALARY, J. D.; BAILEY, N. J. L.: Significance of reservoir bitumes to thermal-maturation studies, Western Canada Basin. – Amer. Assoc. Petrol. Geol. Bull., 58, 9, 1806–1824, Tulsa 1974.

RUTTEN, M. G.: The Origin of Live by Natural Causes. – Elsevier Publ. Co., 420 S., Amsterdam 1971.

SCHABO, E. W.; MAMTSCHUR, G. P.: Die Erforschung der Isotopenzusammensetzung des Graphits und der Karbonate der Sawaljewsker Lagerstätte (russ.). – AN SSSR, 209, 1, 209–212, Moskau 1973.

SCHIHAB, S.: Genetische Zusammenhänge zwischen Kohlen und Kohlenwasserstoffen. – Diss. Bergakademie Freiberg, 65 S., Freiberg 1971.

SCHOPF, J. W.: Precambrian micro-organismus and evolutionary events prior to the origin of vascular plants. – Biol. Rev., 45, 3, 319–352, London, New York 1970.

SCHTERENBERG, L. E.: K woprosu o prirode Karelskogo schungita. – Dokl. AN SSSR, 148, 3, 688–690, Moskau 1963.

SECKBACH, J.; KAPLAN, I. R.: Growth pattern and C^{13}/C^{12} isotope fractionation of Cyanidium caldarium and hot spring algal mats. – Chem. Geol., 12, 3, 161–169, Amsterdam 1973.

SEGUIN, M. K.: Phase relations in the Fe–C–O–S–H_2O system and its geological application. – Chem. Geol., 7, 1, 5–18, Amsterdam 1971.

SHARMA, R. S.; NARAYAN, V.: Wollastonite paragenesis in a regional metamorphic terrain southeast of Beawar, Rajasthan, India. – N. Jb. Miner. Mh., 1974, 12, 561–569, Stuttgart 1975.

SIDORENKO, A. W.; BORSTSCHERSKI, JU. A. u. a.: Die Isotopenzusammensetzung des sedimentären Kohlenstoffs aus metamorphen Gesteinen des Präkambriums (russ.). – Dokl. AN SSSR, 206, 463–466, Moskau 1972.

SIDORENKO, S. A.; SIDORENKO, A. W.: Die organische Substanz in sedimentär-metamorphen Gesteinen des Präkambriums (russ.). – Trudy geol. Inst. AN SSSR, 277, 114 S., Isdat. Nauka, Moskau 1975.

SIDORENKO, A. W.; ROSEN, O. M. u. a.: Der Metamorphismus der sedimentären Massen und die „Kohlendioxidatmung" in der Erdkruste (russ.). – Sow. Geol., 5, 3–11, Moskau 1973.

SMITH, J. W.; SCHOPF, J. W.; KAPLAN, I. R.: Extractable organic matter in Precambrian cherts. – Geochim. et cosmochim. Acta, 34, 6, 659–675, London 1970.

STUTZER, O.: Graphit. In: STUTZER, O.; WETZEL, W.; HIMMELBAUER, A.: Die wichtigsten Lagerstätten der „Nicht-Erze", Bd. 5: Schwefel-Graphit-Jod-Bor-Magnesit-Talk, 98–202. – Verlag Gebr. Borntraeger, Berlin 1933.

USTINOW, W. I.: Fraktionierung der Isotopen des Kohlenstoffs im Prozeß der Dekarbonatisierung (russ.). – Geochimija, 1, 120–123, Moskau 1976.

WDOWYKIN, G. P.: Carbon polytypism in meteorites. In: SCHENK, P. A.; HAVENAAR, I. (Eds.): Advances in Organic Geochemistry 1968, 593–604. – Pergamon Press, Oxford 1969.

WINKLER, H. G. F.: Abolition of metamorphic facies introduction of the four divisions of metamorphic stage, and of a clasification based on isograds in common rocks. – N. Jb. Miner. Mh., 1970, 5, 189–248, Stuttgart 1970.

ZSCHIESCHE, M.: Künstliche Nachinkohlungsreaktionen zur Klärung genetischer Zusammenhänge zwischen Inkohlungsgasen und Muttergestein unter besonderer Berücksichtigung der stofflichen und isotopen Zusammensetzung anfallender Inkohlungsprodukte. – Diss. Univ. Greifswald, 103 S., Greifswald 1975.

Ergänzende Quellenangaben zu den Tabellen 1 bis 4

Autorenkollektiv: Econ. Geol., 68, 7, 913–1179, Lancaster 1973. Ref. von H. REH in: Z. angew. Geol., 21, 6, 285–290, Berlin 1975; BANKWITZ, P.: Monatsber. dt. Akad. Wiss. Berlin, 4, 669–671, Berlin 1962; BANKWITZ, E.; BANKWITZ, P.: Z. geol. Wiss., 3, 10, 1279–1305, Berlin 1975; BUCHAREW, W. P.; POLJANSKI, W. D.: (ukrain.) Dop. AN Ukr. RSR, Ser. B, 6, 483–487, Kiew 1976; DORR, J. N. VAN (II): Minas Cerais, Brazil. – U. S. Geol. Surv. profess. Pap., 641-A, 110 S., Washington 1969; DUDEK, A.: briefl. Mitt., betr. Pr. 015, 016, 019, 020, 031 (1976); FIEBIGER, W.: Geol. Rdsch., 64, 2, 641–652, Stuttgart 1975; HIRSCHMANN, G.: Geologie, 8, 5, 523–534, Berlin 1959; IWANZIW, O. E.: Geologie und Genese der Graphitlagerstätten der Ukraine (ukrain.). – Verlag Naukowa Dumka, 134 S., Kiew 1972; JÄGER, H.: Carinthia II, 165/85. Jg., 111–126, Klagenfurt 1975; JÄGER, H.: mündl. Mitt., betr. Pr. Lippelsdorf 014 u. 004 (1976); KAEMMEL, T.: Beitr. Geol. 1, 69–88, Berlin 1959; KATZ, B. L.: Geol. Rdsch., 60, 1523–1549, Stuttgart 1971; KLAR, G.: Erzmetall, 10, 294–297, Clausthal 1957; KRENKEL, E.: Geologie und Bodenschätze Afrikas. – S. 309 (1957); KÖRNER, A.; ANHAEUSSER, C. R.; VAJNER, V.: Geol. Rdsch., 62, 281–309, Stuttgart 1973; KÜNSTNER, E.: mündl. Mitt., betr. Schwärzschieferprobe (Inkohlungsgrad) von Döschnitz (1976); LASKO, E. M.: Regionale Geologie der UdSSR (russ.). — 1, Moskau 1975; LORENZ, W.: briefl. Mitt. betr. Pr. 017 u. 018 (1976); LOTZE, F. (Hrsg.): Handbuch der stratigraphischen Geologie (14 Bde.), 13 (Präkambrium, Teil 1 u. 2). — Enke-Verl., Stuttgart 1966/1968; LUNDEGARDH, P. H.: Geol. Rdsch., 60, 1392—1405, Stuttgart 1971; MARAKUSCHEW, A. A.; KIM HAK DSE; KIM HENSO; MISCHKIN, M. A.: Präkambrische metamorphe Komplexe Nordostkoreas und des Südwestens der Primorie Krai und deren Zusammenhänge mit den nutzbaren Bodenschätzen. — In: Geologischer Bau Nordostkoreas und des Südprimore (russ.). — 9—123, Moskau 1966; MAUCHER, A.: Chemie Erde, 10, 4, 539—565, Jena 1936; OEHLER, D. Z.; SCHOPF, J. W.; KVENVOLDEN, K. A.: Science, 175, 4027, 1246—1248, Washington 1972; SCHIDLOWSKI, M.; EICHMANN, R.; FIEBIGER, W.: Neues Jb. Mineral. Mh., 1976, 8, 344—353, Stuttgart 1976; SEMENENKO, N. P.: Geochronologische Karte des kristallinen Fundaments der Ukraine und der umgrenzenden Territorien (Südosteuropäische Plattform und ihre Einfassung). Neue Absolutdaten der Geochronologie, (russ.). — Verlag Nauka, Moskau 1974; SIDORENKO, A. W.; SIDORENKO, S. A.: Z. angew. Geol., 19, 6, 273—284, Berlin 1973; SIMONEN, A.: Geol. Rdsch., 60, 1406—1471, Stuttgart 1971; TITOW, A. G.; WESELOWSKI, W. S.: Graphit. In: Minerale der UdSSR (russ.). — 1, 232—233, Moskau 1940; TOEPPER, W.: Diss. Techn. Univ. Berlin, 107 S., Berlin (West) 1962; VEJNAR, Z.: Geol. Rdsch., 60, 1455—1465, Stuttgart 1971; WINKLER, H. G. F.: Die Genese der metamorphen Gesteine. — Springer-Verlag, 2. Aufl., Berlin (West) 1965; ZOUBEK, V.: Sciences de la Terre, 10, 429—449 (1966);

Über die Prinzipien der Erarbeitung sowjetischer Kohlenlagerstättenklassifikationen

MAGALOWSKI, G., Berlin

1. Einleitung

Die sowjetischen Geologen haben in den vergangenen sechs Jahrzehnten bei der Erschließung des riesigen Territoriums der Sowjetunion große Erfahrungen auf den Gebieten der Lagerstättenprognose, der Suche, Erkundung und Nutzbarmachung der Lagerstätten gesammelt. Angesichts der großen Vielfalt der Lagerstätten war und ist ihre Systematisierung und Klassifizierung von grundlegender Bedeutung für die Lösung der volkswirtschaftlichen Aufgaben.

Die vorhandene sowjetische Literatur zu dieser Thematik ist weitaus umfangreicher, als sie in diesem Rahmen wiedergegeben werden kann. Deshalb wurden aus der Vielzahl des vorliegenden Materials über Kohlenlagerstätten die Hauptlinien der Entwicklung der genetischen Lagerstättenklassifikationen sowie der industriellen Klassifikationen und Erkundungsklassifikationen an repräsentativen Beispielen herausgearbeitet.

Bereits in den dreißiger Jahren, als in einer Reihe von Ländern zwar sehr spezielle kohlenpetrographische, kohlenchemische und paläobotanische Untersuchungen durchgeführt wurden, die Untersuchungen des Nebengesteins demgegenüber jedoch einen weitaus geringeren Umfang besaßen, wurde in der Sowjetunion schon zielstrebig an einer komplexen Untersuchung der kohleführenden Formation gearbeitet (SHEMTSCHUSHNIKOW, JU. A., BRUNS, E. P., GRATSCHEWA, O. F. (1940)). Die Ende der fünfziger, Anfang der sechziger Jahre in der Sowjetunion in besonderem Maße entwickelte Arbeitsrichtung für die Erarbeitung von Kohlenlagerstättenklassifikationen (z. B. die Arbeiten von DOROCHIN, I. W. (1968), IWANOW, G. A. (1967), LOGWINENKO, N. W. (1966), TIMOFEJEW, P. P. (1960)), deren Grundidee es ist, die flözführende Formation als genetische Einheit aufzufassen, die möglichst effektive Nutzbarmachung der Lagerstätten für die Volkswirtschaft in den Mittelpunkt der geologischen Tätigkeit zu stellen und alle Untersuchungen dementsprechend komplex durchzuführen, hat sich auch bei eigenen Arbeiten erfolgreich bewährt.

Mit vorliegender Arbeit stellt Verf. die Ergebnisse seiner langjährig durchgeführten Auswertung der sowjetischen Kohlenlagerstättenklassifikationen in ihren Grundzügen dar. Der Dank des Verf. gilt allen sowjetischen Fachkollegen, die ihre Erfahrungen weitergaben und diese teilweise durch Details persönlich ergänzten.

2. Genetische Klassifikationen

Zu den genetischen Klassifikationen zunächst einige Vorbemerkungen. Die rohstofflichen Unterschiede der Kohlenflöze und der Begleitschichten sind durch einen ganzen Komplex von Faktoren bedingt, die sich gegenseitig beeinflussen und überlagern.

Ausgehend von der Entwicklungshöhe der Flora, über optimale Entwicklungsbedingungen derselben (Klima, ökologische Verhältnisse), Senkungsgeschwindigkeit und Senkungsrhythmus des Untergrunds, Reliefenergie der Umgebung, Zersetzungsvorgänge und Einbettungsgeschwindigkeit und damit Erhaltung bzw. Destruktion des phytogenen Ausgangsmaterials, pH-Wert, Redoxpotential, lithologische Beschaffenheit der Sedimentlieferanten bis zu sekundären Faktoren wie postgenetischen Senkungen (Subrosion), Zuführung Na_2-haltiger Wässer, tektonische und glazialtektonische Vorgänge, damit im Zusammenhang stehende oder unabhängig davon auftretende erosive Vorgänge sowie Erscheinungen des Vulkanismus gibt es bekanntlich sehr viele Möglichkeiten, die in ihrer Auswirkung auf die vorhandenen petrographisch-rohstofflichen Eigenschaften und die Morphologie der Kohlenflöze eine Rolle gespielt haben.

1862 nahm bereits NAUMANN eine Einteilung in paralische und limnische Becken vor. Aufbauend auf dieser international bekannten Grundvorstellung erschien eine Reihe von Klassifikationen, gegliedert nach Kennzeichen, die den kohleführenden Schichten eigen sind (PINTSCHUK 1957): Anzahl und Mächtigkeit der Flöze, Zusammensetzung und Aufbau der kohleführenden Schichten, Kohlenqualität, Tektonik u. a. (z. B. PRIGOROWSKIJ (1931), STEPANOW & MIRONOW (1937), IWANOW (1938), BLUDOROW (1950), KRASCHENINNIKOW (1954)). Weiterhin wurden strukturell-tektonische Klassifikationen vorgeschlagen, welche die tektonische Struktur der Becken und die Tektonik der kohleführenden Schichten zur Grundlage haben (z. B. CHOMENTOWSKI 1951).

Außer den genannten Klassifikationen existieren auch solche, die nur die Kohlenqualität oder das geologische Alter der kohleführenden Schichten berücksichtigen bzw. nur die Klassifizierung eines Kohlenbeckens zum Inhalt haben, z. B. NAUMOWA (1940), PEREPETSCHINA (1956), RITENBERG (1956).

1938 erschien eine genetische Klassifikation von IWANOW entsprechend der die Kohlenbecken in drei Haupttypen eingeteilt werden: Geosynklinalbecken, Plattformbecken und Becken des Übergangstyps. Die Grundlage dieser Klassifikation bilden sechs diagnostische Kennzeichen:

— Mächtigkeit der kohleführenden Ablagerungen,
— ihre fazielle Zusammensetzung,
— Charakter der Kohleführung,
— Metamorphismus der Gesteine und der Kohle,
— Tektonik und
— Auftreten von Vulkanismus.

Die schon genannte Entwicklung der Vorstellung, daß kohleführende Schichten eine selbständige Formation

Eingang des Manuskripts in der Redaktion: 7. 9. 1977.

sind, erleichterte die Aufstellung einer genetischen Klassifikation. Hieraus ergibt sich die Schlußfolgerung: Eine Klassifikation der Kohlenbecken, die für die Praxis gebraucht wird, muß von der genetischen Klassifikation ausgehen und auf der Zugehörigkeit der Becken zu diesem oder jenem Formationstyp aufgebaut sein.

KRASCHENINNIKOW (1954) schlug vor, die Kohlenbecken nach kohleführenden Formationen zu klassifizieren. Diese Klassifikation stellt in verschiedener Hinsicht einen weiteren Fortschritt gegenüber früheren Vorschlägen dar, nämlich die Abgrenzung von zwei Hauptgruppen der Formationen, der Geosynklinalgruppe und der Plattformgruppe, innerhalb derer eine Reihe von Typen ausgeschieden werden, die sich durch die Lage der Zonen der Kohleakkumulation innerhalb der Geosynklinal- oder Plattformgebiete unterscheiden.

In den Geosynklinalformationen wurden zuerst die inneren, äußerst beweglichen Zonen abgegrenzt, dann die stabilisierten Zonen (im Randgebiet oder Innengebiet) und Randsenken oder Innensenken.

In der Plattformgruppe werden die Typen nach einigen variablen Kennzeichen abgegrenzt, hierbei vor allem nach der Beweglichkeit oder Stabilität (Beständigkeit) der einzelnen Zonen der Plattformen, unter Berücksichtigung der Lage des Fundaments des Plattformgebiets. Auf dieser Grundlage wurden abgegrenzt: „Kohleführende Formationen auf beweglichen Plattformgebieten mit einem Zutagetreten des Fundaments" und „Kohleführende Formationen auf beweglichen Plattformgebieten ohne Zutagetreten des Fundaments."

Die Schwierigkeiten für die Ausarbeitung einer genetischen Klassifikation der Kohlenlagerstätten bestanden zunächst in folgender Hinsicht: Es fehlte zu Beginn eine einheitliche Terminologie für die Bezeichnung der verschiedenartigen Geosynklinal- und Plattformsenken, so daß u. U. der gleiche Begriff für ganz verschiedenartige Gebilde verwendet wurde.

Es soll nicht versäumt werden, die Stellung der tertiären deutschen Braunkohlenlagerstätten im Rahmen der genannten sowjetischen Klassifikation zu erwähnen: Sie sind unter der Gruppe der Plattformlagerstätten aufgeführt, im Vorland alpidischer Senken an den Rändern postumer Synklinalen. Hierzu gehören auch (dem Typ entsprechend) das Kansko-Atschinsker und das Irkutsker Revier (Mittl. Jura, am Rande der Sibirischen Plattform).

Es gibt Beispiele dafür, wie bei einem und demselben geotektonischen Regime, jedoch verschiedenen physiogeographischen Verhältnissen sich wesentlich voneinander unterscheidende Formationen bilden. Beispiele dafür sind das Mittel- und Oberkarbon des Donbass, von Karaganda und einigen anderen Becken.[1])

Im Mittelkarbon war das Klima im Gebiet des Donbass warm und feucht (tropisch), es entstand eine produktive kohleführende Formation mit einer großen Anzahl bauwürdiger Kohlenflöze. Im Oberkarbon wurde das Klima hier merklich arider, es entstand eine in geringem Maße produktive kohleführende Formation, die nur Kohlenflöze (bzw. -lagen) geringer Mächtigkeit (überwiegend 0,3 bis 0,4 m) enthält. Es erscheinen Horizonte buntfarbiger Gesteine, die Flora trägt Anzeichen von Xerophytisierung.

Folglich wird also die Formation durch das geotektonische Regime und die physiogeographischen Sedimentationsverhältnisse bestimmt. Auf Grund dessen kann man nach den geotektonischen Merkmalen folgende kohleführende Formationen ausscheiden (LOGWINENKO 1966):

1. Formation der mobilen Zonen der Geosynklinalen (Intrageosynklinalen);
2. Formation der Innensenken der Geosynklinalen (Rand- und Zwischengebirgssenken bei BELOUSSOW 1954);
3. Formation der stabilisierten Zonen der Geosynklinalen (Intrageosynklinalen);
4. Formation der Rand- und Vorsenken der Geosynklinalen (Saumsenken bei BELOUSSOW 1954);
5. Formation der Parageosynklinalen;
6. Formation der Innen- und Randsenken der Tafeln;
7. Formation der Verwerfungsdepressionen der (jungen) Tafeln;
8. Formation des sedimentären Deckgebirges der kristallinen Massive (Schilde).

(Direkte Hinweise auf Subrosion und Halokinese fehlen bei LOGWINENKO (1966) völlig, sie wären den unter 8. gedachten Prozessen zuzuordnen). Nach dem physiogeographischen Merkmal, den Landschaftsverhältnissen, unterscheidet LOGWINENKO folgende Bereiche:

1. Küstenbereiche mit breiter Entwicklung mariner Ablagerungen, darunter Kalke;
2. Küstenbereiche mit beschränkter Entwicklung mariner Ablagerungen und Fehlen von Kalken;
3. Bereich des Lagunen-Küstengebietes;
4. Bereich der Küstenebenen eines ausgesüßten, vom Meere abgeschnittenen Areals (subparalische);
5. kontinentalen Bereich der Zwischengebirgskessel;
6. kontinentalen Bereich der Vorgebirgsebenen;
7. kontinentalen Bereich der Alluvialebenen (der Flußtäler der Flachlandflüsse);

Nach klimatischen Verhältnissen:

1. Bereich der humiden tropischen (und subtropischen) Zone;
2. Bereich der humiden gemäßigt-feuchten und gemäßigt-warmen Zone;
3. Bereich der semihumiden und semiariden Zone.

Von diesen acht geotektonischen Typen der kohleführenden Formationen sind nur vier an bestimmte Landschaftstypen gebunden (Typ der Parageosynklinalen und Randsenken der Geosynklinalen, die gewöhnlich paralisch sind und Typ der stabilisierten Zonen der Geosynklinalen und Verwerfungsdepressionen junger Tafeln, die gewöhnlich limnisch sind). Die übrigen geotektonischen Typen der Formationen können sowohl paralisch als auch limnisch sein. Alle geotektonischen und landschaftlichen Typen der Formationen entstehen in jeder der genannten Klimazone.

LOGWINENKO führt dazu weiter aus, daß auch eine eingehendere Typisierung der kohleführenden Formationen möglich sei, ist aber der Meinung, daß dafür offensichtlich kein besonderer Bedarf bestehe. Es sei vielleicht sogar zweckmäßig, bei der Schaffung einer genetischen Klassifikation einige ähnliche Typen kohleführender Formationen zu vereinigen. Diese Arbeit enthält eine Tabelle, mit der die Grundlagen einer genetischen Klassifikation kohleführender Formationen aufgezeigt werden sollen.

IWANOW (1967) bringt eine zusammenfassende Darstellung über die Gesetzmäßigkeiten des Aufbaus, der Bildung, der Veränderung kohleführender Formationen und ihrer genetischen Klassifikationen.

Im Vorwort seines Buchs schreibt IWANOW (1967): „Durch die ganze Arbeit zieht sich wie ein roter Faden folgende Grundthese: Alle Gesetzmäßigkeiten des Baus

[1]) In einigen sowjetischen Gliederungen bzw. Klassifikationen erfolgte keine Trennung nach Stein- und Braunkohle. Der Grund dafür ist darin zu sehen, daß in einigen, besonders sehr großen Lagerstätten (z. B. Lenabecken), Stein- und Braunkohlen vorkommen.

und der Bildung kohleführender Formationen hängen von der engen gegenseitig bedingten Wechselwirkung zweier Gruppen von Faktoren der Sediment- und Kohlenbildung ab: Von den faziellen, oder im weiteren Sinne von den paläogeographischen Faktoren (Relief, Klima und Vegetation) und den geotektonischen Faktoren (von Schwingungsbewegungen verschiedener Ordnung), welche hauptsächlich die entsprechende quantitative und qualitative Seite der Erscheinung bestimmten, wobei die geotektonischen Faktoren die Hauptrolle spielen."

Eine große Bedeutung wird von IWANOW den Schwingungsbewegungen der Erdrinde beim Prozeß der Kohlebildung beigemessen. Die Untersuchung der kinematischen Gesetzmäßigkeiten und die geologische Interpretation verschiedener Ordnungen dieser Bewegungen (das Überlagern von Schwingungsbewegungen und resultierenden Schwingungsbewegungen werden mathematisch-physikalisch untersucht). Die kohleführenden Formationen werden nach dem ihrer Genese zu Grunde liegenden tektonischen Regime unterteilt in Bildungen des Geosynklinaltyps, des Plattformtyps und des Übergangstyps.

Nach dem Erscheinen einer Reihe detaillierter und spezieller Klassifikationen der Kohlenlagerstätten einzelner Gebiete der Sowjetunion, z. B. NAUMOWA (1940), ist die Klassifikation von DOROCHIN (1968) bemerkenswert: eine strukturellgenetische und Erkundungsklassifikation. Sie besitzt ebenfalls die Dreigliederung Geosynklinalgruppe, Plattformgruppe, Übergangsgruppe und wird in der Tab. wiedergegeben.

Die den einzelnen Gruppen zugeordneten Typen können in vorliegender Arbeit nicht im Detail diskutiert werden. Es ist nicht zu übersehen, daß in zahlreichen Spezialarbeiten sehr detaillierte Ergebnisse von lokalem Charakter zusammengetragen wurden, die die Grundlage für die Klassifikationen darstellen. Allerdings hat man auch mit der Vorstellung des Wortes „lokal" andere Dimensionen zu verbinden, als es in Mitteleuropa üblich ist. Das riesige Territorium der Sowjetunion gibt den sowjetischen Geologen die Möglichkeit, hinsichtlich der geotektonischen Situation des Bildungsraums von Kohlenlagerstätten vergleichende regionale Untersuchungen von Lagerstätten der Geosynklinal-, der Plattform- und der Übergangsgruppe durchzuführen.

Das Für und Wider dieser Zuordnung von Lagerstätten aus hiesiger Sicht zu diskutieren, erscheint unangebracht, da entsprechende Vergleiche in dem territorial kleinen Bereich Mitteleuropas an eigenen Beispielen nicht möglich sind. Interessant ist der ausdrückliche Hinweis von DOROCHIN (1968), daß zum Typ der peripheren Syneklisen von stabilen alten Plattformen der epirogenetische Typ gehört, ein Typ, der trotz starker Differenzierung der Braunkohlenlagerstättengenese im Bereich Mitteleuropas auch in der DDR einen flächenmäßig großen Raum einnimmt.

Als Beispiele der zum Typ der peripheren Syneklisen von stabilen alten Plattformen gehörigen Kohlenlagerstätten aus dem Bereich der Sowjetunion führt DOROCHIN (1968) u. a. an: Das Kansko-Atschinsker Becken und die Jenissei-Zone des Tunguska-Beckens. Diese befinden sich an der Peripherie der Sibirischen Plattform (MATWEJEW (1967)).

DOROCHIN (1968) charakterisiert diese Gebiete wie folgt: „In peripheren Syneklisen von Plattformen werden bei mäßiger Senkung bedeutende Gebiete erfaßt, und nicht selten trägt die Bildung mächtiger Kohlenflöze regionalen Charakter."

(Eine Darstellung des geotektonischen Rahmens für die Genese dieser Lagerstätten wird von MURATOW (1968) gegeben.)

Die auch heute noch ausführlichste Übersicht über 44 der wichtigsten Kohlenbecken und -lagerstätten der Sowjetunion, die in deutscher Sprache vorliegt, ist die von MATWEJEW (1967) übersandte Arbeit, welche vom Verf. übersetzt und für die Veröffentlichung vorbereitet wurde.

3. Industrielle Klassifikationen und Erkundungsklassifikationen

Eine scharfe Trennung der einzelnen Gruppen von Klassifikationen der Kohlenlagerstätten ist nicht in jedem Fall möglich und war z. T. von den Autoren auch gar nicht beabsichtigt, andererseits gab es direkt Bemühungen, sowohl genetische als auch industrielle und Erkundungsklassifikationen zu vereinigen. Trotzdem ist nicht zu übersehen, daß es eine Reihe wesentlicher Unterschiede zu den ausgesprochen genetischen Klassifikationen gibt.

Industrielle Klassifikationen basieren in erster Linie auf den Rohstoffparametern und bergtechnischen Richtwerten und sind jeweils entsprechend den Nutzungsmöglichkeiten technologisch orientiert. Hierzu kann man durch GOST[2]) festgelegte Kennziffern oder z. B. auch kombinatseigene Vorschriften mit Richtwerten zählen. Publizierte Beispiele hierzu sind weniger häufig, einige gibt ISAKSON (1960).

JEREMIN & TSCHEREPOWSKI (1977) stellen fest, daß eine industrielle Klassifikation der Steinkohlen und eine industriell-genetische Klassifikation der Kohlen als Grundlage ihrer rationellen Verwendung in der Volkswirtschaft erforderlich sind. Um die Einsetzbarkeit der Kohlensorten in größerem Rahmen sowie ihre Austauschbarkeit zu gewährleisten, ist eine Vereinheitlichung der Parameter und ihrer Bestimmungsverfahren erforderlich, wozu Vorschläge unterbreitet werden.

Auf die Problematik der Festlegung und Abgrenzung von Lagerstätten sowohl für die industrielle Nutzung als auch schon für die Erkundung wies WASSILJEW (1960) hin:

„Noch unlängst wurden als Grundlage einer industriellen Klassifikation der Kohlenlagerstätten ganze Kohlenbecken verwendet, trotz der Verschiedenartigkeit einzelner Teile in diesen, was sich als unrichtig erwies. Folglich muß man deshalb nicht ganze Becken als Typen bezeichnen, sondern einzelne Lagerstätten in ihnen, welche übereinstimmende geologische Kennziffern besitzen, wodurch auch eine Einheitlichkeit der Erkundung solcher Lagerstätten bedingt ist. So kann man z. B. die Lagerstätten des Kusnezker Beckens nach dem Grad ihrer Gestörtheit in 3 Typen einteilen."

Teilweise wird die Differenziertheit der Morphologie von Kohlenflözen bzw. -lagerstätten nur verbal zum Ausdruck gebracht, z. T. wurden Möglichkeiten genutzt, die eine Gliederung der Kohlenlagerstätten nach ihrer Kompliziertheit gestatten. So hat z. B. OGARKOW (1961) Kennziffern der Beständigkeit der Lagerstätten dadurch ermittelt, daß er die Gesamtfläche der Anomalien zur Größe der Gesamtfläche in das Verhältnis setzte und nach der Höhe dieser Kennziffer drei Gruppen der Beständigkeit unterschied. Als Anomalien werden starke Abweichungen in der Morphologie und Kohlenqualität (vor allem erhöhte Asche- und Schwefelgehalte) betrachtet.

Im Bereich der Kohlenlagerstätten sind Anomalien im allgemeinen mit dem Begriff des Negativen verbunden. Es sind also solche Bereiche, die in Anbetracht bestimmter, festgelegter Abbau- und Aufbereitungstechnologien unerwünscht sind, Anomalien der Höhenlage (oder der Hypsometrie), Anomalien der Flözmächtigkeit und Schadstoffgehalte (z. B. Asche- und Schwefelgehalt).

---

[2]) Abkürzung von: Gossudarstwenny Standard (Staatl. Standard)

Schema der strukturell-genetischen Klassifikation der Kohlenlagerstätten (nach Dorochin 1968)

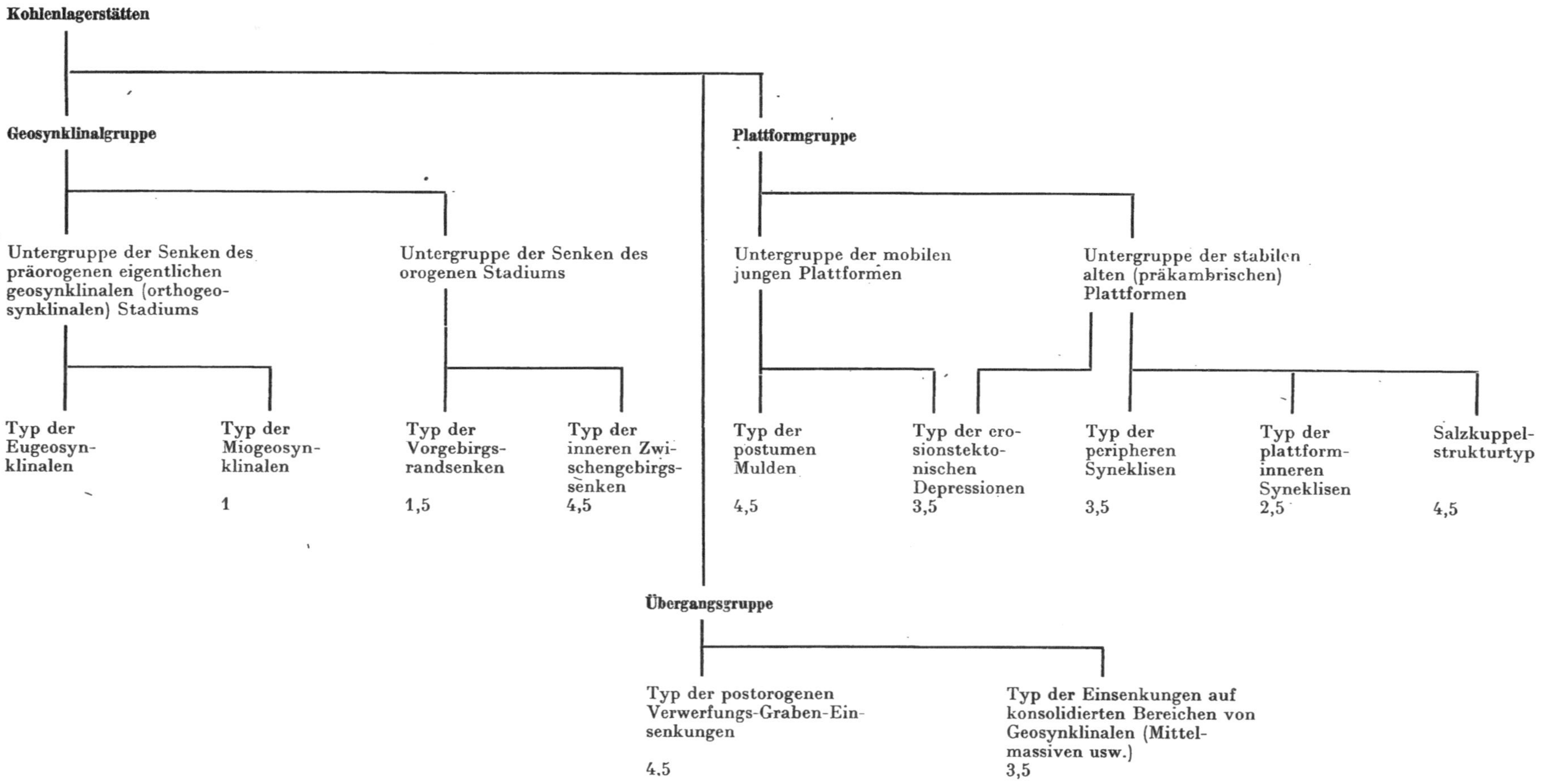

1 — mächtige Flöze fehlen
2 — mächtige Flöze sind charakteristisch
3 — mächtige Flöze meistens entwickelt
4 — mächtige Flöze eine konstante, gesetzmäßige Erscheinung
5 — geologisch-industrielle Lagerstättentypen entsprechend der Tektonik (entsprechend der Hypsometrie bei Plattformlagerstätten), der Morphologie der Kohlenflöze u. a.

Zeitschrift für angewandte Geologie, Bd. 24 (1978), Heft 3

Nicht in jedem Fall kann die Vielfalt der Morphologie durch eine Kennziffer, die praktisch nur das Verhältnis Anomalien — nichtanomale Bereiche zum Ausdruck bringt, erfaßt werden. Darauf weist OGARKOW (1961) aber auch selbst hin, indem er sagt, daß man außer dieser Kennziffer auch unbedingt die geologischen Faktoren berücksichtigen muß, wie z. B. den Aufbau der kohleführenden Schichten, die Veränderlichkeit der faziellen und lithologischen Zusammensetzung der Gesteine, die Gebundenheit der Lagerstätten an bestimmte Formen des Paläoreliefs des Untergrunds usw.

Wie OGARKOW (1967) ausführlich darlegt, kann man mit Hilfe dieser Methode (= Ermittlung der Kennziffer der Beständigkeit von Lagerstätten) den industriellen Wert dieser Lagerstätte bestimmen (hierzu sei auch auf MIRONOW (1963) verwiesen). Durch die Bestimmung des zahlenmäßigen Werts der Kennziffer der Beständigkeit bereits in frühen Erkundungsstadien, im Stadium der Vorerkundung, kann man eine recht genaue Einschätzung der Lagerstätte erhalten. Weiterhin wird auf Grund der Ergebnisse der Vorerkundung die Dichte des Netzes der Detailerkundung bestimmt.

Bei DOROCHIN (1968) erscheint neben der strukturell-genetischen Klassifikation der Kohlenlagerstätten (s. Tab.) eine Erkundungsklassifikation. Hier sind Erkundungsabstände (Abstände der Erkundungslinien sowie die Abstände der Erkundungsaufschlüsse (= Bohrungen auf den Erkundungslinien)) für die einzelnen Lagerstättentypen entsprechend ihrer Kompliziertheit angegeben. Der Grad der Kompliziertheit wird jedoch nur mit Worten wiedergegeben; Parameter zur quantitativen Differenzierung der Unterschiedlichkeit fehlen völlig.

DOROCHIN bringt zum Ausdruck, daß in allen Erkundungsstadien, Suche, Vorerkundung und Detailerkundung eine systematische und sorgfältige Analyse der erhaltenen geologischen Ergebnisse notwendig ist. Die Praxis zeigt, daß grobe Fehler in der Auswahl der Erkundungsmethodik in der Regel das Ergebnis des Fehlens der notwendigen Analyse und der Koordinierung der geologischen Ergebnisse im Prozeß der Erkundung, die unbegründete Zuordnung der Lagerstätte zu diesem oder jenem Typ und die formale Anwendung der Lagerstättengruppierung sind. Die mittleren Abstände zwischen den Bohrungen auf den Erkundungslinien wurden für die jeweiligen Lagerstättentypen experimentell festgestellt. Sie betragen für die ruhigsten Lagerstättenverhältnisse (I. Typ) 250 bis 300 m bei Abständen zwischen den Erkundungslinien von 600 bis 700 m und für komplizierteste Verhältnisse (IV. Typ nach DOROCHIN) 30 bis 50 m bei Abständen zwischen den Erkundungslinien von 150 bis 200 m.

Nach DOROCHIN zeigt die Erkundungspraxis (für die von ihm bearbeiteten Beispiele), daß die angegebenen orientierenden Abstände bei mächtigen Flözen völlig ausreichend sind, und zwar für die Lösung der Erkundungsaufgaben, für die Vorratsberechnung und für die Gewährleistung der Tagebauprojektierung durch geologische Unterlagen. Weiterhin stellte sich heraus, daß geringe Unterschiede in den Abständen der Erkundungslinien bei ein und denselben geologischen Bedingungen im allgemeinen die Genauigkeit der geologischen Erkundung nicht beeinflussen.

Die Ermittlung optimaler Erkundungsabstände auf experimentellem Wege war lange Zeit beinahe die einzige Möglichkeit, durch dieses retrospektive Verfahren festzustellen, welche Detailliertheit der Ergebnisse mit weniger Bohrungen (mit größeren Abständen) erreicht worden wäre, also praktisch durch Auslassungsverfahren. Hierbei hat vor allem die Ermittlung der Wahrscheinlichkeit des Antreffens von Anomalien durch die Erkundungsarbeiten bereits seit Jahrzehnten eine große Rolle gespielt.

Es wurden z. T. Diagramme verwendet, die den Zusammenhang des Antreffens bestimmter Anomalien in Abhängigkeit von der Dichte des Erkundungsnetzes darstellen. Dieses Verfahren ist ausführlich bei OLJENIN u. a. (1953) erläutert, und zwar als Möglichkeit, bei der Erkundung von Torflagerstätten die Stubbenhäufigkeit in Abhängigkeit vom Bohrlochabstand zu bestimmen.

Ein Fortschritt waren Methoden, wie sie von SAWINSKI (1964) angegeben wurden, wobei Tabellen verwendet wurden, die die Wahrscheinlichkeit der Schnitte von elliptischen Objekten (diese als Lagerstättenbereiche betrachtet) mit einem rechteckigen Beobachtungsnetz (= Erkundungsnetz) angaben. Eine weitere Entwicklung in dieser Richtung waren Arbeiten zur Berechnung optimaler Bohrnetze für geologische Objekte bestimmter Größe, z. B. SCHURYGIN (1967).

Besonders im letzten Jahrzehnt wurden durch den verstärkten Einsatz mathematischer Verfahren und durch die ständig gestiegenen Möglichkeiten der elektronischen Datenverarbeitung mathematisch-geologische Verfahren entwickelt, die hauptsächlich (als in diesem Zusammenhang interessierende Verfahren) zwei Hauptrichtungen angehören:

- die Klassifizierung geologischer Objekte nach bestimmten Merkmalen,
- die Ermittlung optimaler Erkundungsabstände in Abhängigkeit von der Veränderlichkeit der geologischen Objekte (speziell Lagerstättenbereiche).

Diese Arbeiten sind aber nicht ausschließlich auf Kohlenlagerstätten orientiert, sondern in größerem Rahmen, z. T. sogar auf Lagerstätten universell anwendbar und sind deshalb in dem stark angewachsenen und praktisch eigenständig gewordenen Bereich der Literatur über mathematisch-geologische Verfahren weiter zu verfolgen. Allerdings ist hierzu festzustellen, daß, international gesehen, diese mathematisch-geologischen Klassifizierungsarbeiten einen Anfang darstellen und noch keine routinemäßige Anwendung ermöglichen. Das zeigt also, daß die mit „klassischen Methoden" erarbeiteten Kohlenlagerstättenklassifikationen auch noch weiterhin ihre Bedeutung behalten werden.

Zusammenfassung

Es wird eine Übersicht über die Entwicklung der Kohlenlagerstättenklassifikationen der Sowjetunion gegeben. Hierbei werden zwei Hauptgruppen unterschieden: 1. Genetische Klassifikationen und 2. industrielle und Erkundungsklassifikationen. Diese Klassifikationen wurden bereits seit Jahrzehnten unter Berücksichtigung einer komplexen Klärung genetischer Fragen und einer komplexen Nutzung der Lagerstätten erarbeitet.

Резюме

Дается обзор о развитии классификации угольных месторождений Советского Союза. При этом отличаются две основные группы: 1. Генетические классификации и 2. промышленные и разведочные классификации. Эти классификации разработаны уже несколько десятилетий при учете комплексного выяснения генетических вопросов и комплексного использования месторождений.

Zeitschrift für angewandte Geologie, Bd. 24 (1978), Heft 3

Summary

The development of classifications for coal deposits of the Soviet Union is reviewed, in which a distinction is made between two main groups, (1) genetic classifications, and (2) industrial and exploratory ones. These classifications were already worked out some decennia ago, taking into account a complex elucidation of genetic problems and a complex exploitation of deposits.

Literatur

BELOUSSOW, W. W.: Grundfragen der Geotektonik (russ.). – Gosgeoltechisdat, Moskau 1954.
BLUDOROW, A. P.: Die Klassifikation von Typen der Kohlenlagerstätten (russ.). – Iswest. kasan. Fil. AN SSSR, Ser. Geol., 1, Kasan 1950.
CHOMENTOWSKI, A. S.: Ein Schema der strukturell-genetischen Klassifizierung von kohleführenden Bassins (russ.). – Geol.-issled. Raboty, Ugletechisdat (1951).
DOROCHIN, I. W.: Mächtige Kohlenflöze (Die Gesetzmäßigkeiten ihrer Verbreitung) (russ.). – Verlag Nedra, Moskau 1968.
IWANOW, G. A.: Kaustobiolithe – Lehrbuch über die Lagerstätten nutzbarer Rohstoffe (russ.). – ONTI (1938).
– Die genetische Klassifikation kohleführender Formationen (russ.). – Gosgeolisdat, Moskau 1959.
– Kohleführende Formationen (Die Gesetzmäßigkeiten des Baues, der Bildung, der Veränderung und der genetischen Klassifikation) (russ.). – Verlag Nauka, Leningrad 1967.
ISAKSON, S. S.: Die Methodik der Vorratsberechnung von Kohlenlagerstätten (russ.). – Gos. nautsch. techn. Isdat. Lit. po gor. Del., Moskau 1960.
JEREMIN, I. W.; TSCHEREPOWSKI, W. F.: Wege zur Erweiterung der Rohstoffbasis der koksproduzierenden (kokschemischen) Industrie (russ.). – Sow. Geol., 19, 7, 12–22, Moskau 1977.
KRASCHENINNIKOW, G. F.: Die Bedingungen der Bildung kohleführender Formationen der UdSSR (russ.). – Moskau 1954.
MATWEJEW, A. K.: 50 Jahre Erfolge der Kohlengeologie in der UdSSR. – Z. angew. Geol., 13, 10, 529–530, Berlin 1967.
MIRONOW, K. W.: Geologisch-industrielle Bewertung von Kohlenlagerstätten (russ.). – Gos. nautsch.-techn. Isdat. Lit. po gor. Del., Moskau 1963.
MURATOW, M. W.: Hauptfaltungsepochen und Megastadien der Erdkrustenentwicklung, in: JANSCHIN, A. L.; CHAIN, E. W.; MURATOW, M. W.: Regionalbau und Entwicklungsgesetze Eurasiens. – Akademie-Verlag, 89–123, Berlin 1968.
NAUMANN, K. F.: Lehrbuch der Geognosie. – Leipzig 1862.
NAUMOWA, S. N.: Die genetische Klassifizierung der Kohlen des Moskauer Bassins (russ.). – Tr. Wses. Inst. min. syrja, Wyp. 159 (1940).
OGARKOW, W. S.: Die Erkundungsmethodik von Kohlenlagerstätten des Plattformtyps. Die Prinzipien der geologisch-ökonomischen Begründung (russ.). – Gosgeoltechisdat, Moskau 1961.
– Zur Begründung von rationellen Methoden der Vorerkundung (russ.). – Geol. i. Rasw., 9, 88–92, Moskau 1967.
OLJENIN, A. S. u. a.: Die Erkundung der Torflagerstätten (russ.). – Moskau 1953.
PEREPETSCHINA, E. A.: Die Grundprinzipien der Typisierung paläozoischer Kohlenlagerstätten (russ.). – Tr. Labor Geol. Uglja AN SSSR, Wyp. V, Moskau 1956.
PINTSCHUK, O. I.: Zur Frage der genetischen Klassifikation kohleführender Formationen (russ.). – Iswest. Dnepropetr. gorn. Inst., XXIX, Geologie der Kohlenlagerstätten (russ.). – Dnepropetrowsk 1957.
POGREBIZKI, E. O.: Die genetische Klassifikation kohleführender Formationen (russ.). – Sap. Len. gorn. Inst., XLVII, Wyp. 2 (1964).
PRIGOROWSKI, M. M.: Zur Frage der Typen von Kohlenlagerstätten und -becken (russ.). – West. Wses. geol. Rasw. objedinenija, VI, 7–8 (1931).
RITENBERG, M. I.: Die Typisierung permischer Kohlenbecken der UdSSR (russ.). – Tr. Labor. Geol. Uglja. AN SSSR, Wyp. V, Moskau 1956.
SAWINSKI, I. D.: Tabellen für die Wahrscheinlichkeit der Schnitte von elliptischen Objekten mit einem rechteckigen Beobachtungsnetz (russ.). – Verlag Nedra, Moskau 1964.
SCHURYGIN, A. M.: Die Berechnung optimaler Bohrnetze für die Suche nach Lagern mit einer gegebenen Abmessung. – Z. angew. Geol., 15, 3, 156–159, Berlin 1969.
SHEMTSCHUSHNIKOW, JU. A.: Kohleführende Schichten als Formation (russ.). – Iswest. AN SSSR Ser. geol., 5, Moskau 1955.
SHEMTSCHUSHNIKOW, JU. A.; BRUNS, E. P.; GRATSCHEWA, O. F.: Die lithologische Untersuchung von Kohlenflözen und Nebengesteinen als einheitlicher genetischer Komplex im Kusbass (russ.). – Fond WSEGEI, Leningrad 1940.
STEPANOW, P. I.; MIRONOW, S. I.: Die Geologie von Kaustobiolithlagerstätten (russ.). – ONTI (1937)
TIMOFEJEW, P. P.: Die Fazies genetischer Kohletypen des mittleren Karbon des Donbass und ihre genetische Klassifikation (russ.). – Tr. Labor. Geol. Uglja, Wyp. X (1960).
WASSILJEW, P. W.: Über die Prinzipien der Typisierung von Kohlenlagerstätten (russ.). – Rasw. i Ochr. Nedr, 10, Moskau 1938.
– Über die genetische Klassifizierung von Kohlenlagerstätten (russ.). – Bjull. mosk. Obschtsch. Ispyt. Prir., Now. Ser., LIV, Otd. Geol., XXIV, 4, Moskau 1949.
– Kohle (Bd. 5 aus der Reihe „Lagerstättenbewertung bei Such- und Erkundungsarbeiten") (russ.). – Gosgeoltechisdat, Moskau 1960.

Zu einigen Gesetzmäßigkeiten der faziellen Entwicklung im 2. Lausitzer Flöz

SCHNEIDER, W., Welzow

1. Vorbemerkung

Die umfassenden Erkundungsarbeiten, die in den letzten Jahrzehnten die Kenntnis vom geologischen und besonders auch dem stofflichen Aufbau des 2. Lausitzer Flözes auf einen bemerkenswert hohen Stand gebracht haben, führen folgerichtig auch zu einer Vervollkommnung der Vorstellungen über die Flözgenese. Dabei liegt der Akzent auf der Verfolgung gerichteter Veränderungen in zeitlicher und räumlicher Erstreckung.
In der zeitlichen Folge der Fazies herrscht, wie auch im Modell der einfachen Verlandung eines Gewässers, Rhythmizität (SCHNEIDER 1969a, S. 47/48, Bild 20); Zyklen im Flözaufbau im Sinne symmetrischer Faziesabfolgen ordnen sich dem unter. Als Parallelerscheinung im Rahmen regionaler Betrachtungen zur Flözgenese sind in zunehmendem Maße Gedankengänge von gerichteten Verlagerungen einzelner Moorfazies (z. B. wandernde Moorseen, Verlandungszonen) und des gesamten Flözbildungsraums (NEUBERT & VULPIUS 1976) niedergelegt.
Nachfolgend sollen einige teilweise schon verallgemeinerte Ergebnisse zum vertikalen und regionalen Flözaufbau betrachtet werden, die geeignet erscheinen, die Diskussion besonders zu den genannten flözgenetischen Fragen zu befruchten.

2. Die vertikale Faziesabfolge

Die Flözbildung resultiert aus mehreren, im 2. Lausitzer Flöz vier mehr oder weniger vollständigen Abfolgen von paläobotanisch und kohlenpetrographisch definierten Moor- bzw. Kohlenfazies. Eine solche Abfolge (Abb. 1) beginnt mit einem Koniferenbruchwald (K), in dem *Taxodium* vorherrscht. Gebietsweise, an paläogeographisch bestimmten Arealen, entwickelt sich diese Fazies aus einem *Alnus-Liquidambar*-Auenwald mit einer an Farnen reichen Krautschicht.
Unter zunehmend oligotrophen Bedingungen stellt sich die eigentliche, überwiegend aus Laubgewächsen (*Quercus*, Ericaceen, Lauraceen, Leguminosen) bestehende Vegetation des voll entwickelten Moores ein. Diese Fazies (A) ist als dichte, gleichförmige Kohle (ungeschichtete bis schwachgeschichtete Kohle) mit sehr guten technologischen Eigenschaften überliefert. In zwei der vier Abfolgen des 2. Lausitzer Flözes schließt sich eine über große Flächen entwickelte Riedmoorfazies (G) an, die sich vorwiegend aus Monocotyledonen, vor allem Gräsern zusammensetzt. Gleichzeitig nimmt die Kohle schichtige Textur, eine dunkle Humusfarbe, eine im trockenen Zustand spröde Konsistenz und im Querbruch steinkohlenartigen Glanz an.
In das Riedmoor dringen bald Bestände von Kiefern, Myricaceen und Palmen vor (P-Fazies). Die dichte, schwarze Kohle der G-Fazies geht gleichzeitig in eine gewebereichere geschichtete Kohle über (eigentliche geschichtete Kohle und Nadelkohle), deren nach wie vor hoher Gehalt an spröden Humusgelen die technologisch geringe Wertigkeit der G-Kohlen fortsetzt.
Im Hangenden schließt sich die in ihrer Genese lange Zeit umstrittene *Marcoduria*-Fazies (M) an. Es handelt sich

Eingang des Manuskripts in der Redaktion: 30. 12. 1976.

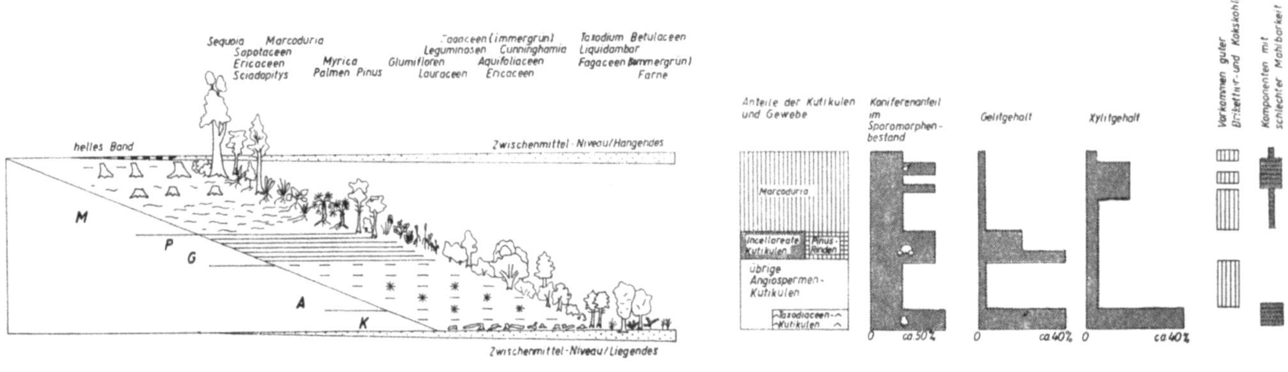

Abb. 1. Schematisches Faziesprofil einer Normalabfolge im 2. Lausitzer Flöz
K – Koniferenfazies, A – Angiospermenfazies, G – Glumiflorenfazies, P = *Pinus*-Fazies, M = *Marcoduria*-Fazies
Signaturen der Textur- bzw. Strukturtypen: ~ flaserig geschichtet, = geschichtet, – schwach geschichtet, * ungeschichtet

um eine von dichtem Wurzelfilz durchzogene, dadurch oft sauerkrautähnliche, flaserig geschichtete Kohle mit guten Brikettiereigenschaften. Eingelagert sind Stubben, die einen oder auch zwei Horizonte bilden. Die bisher gegebene Deutung der *Marcoduria*-Fazies als limnische Bildung muß aus andernorts darzulegenden botanischen und kohlengeologischen Gründen aufgegeben werden. Die Marcodurien sind keine Flachsprosse submerser Wasserpflanzen sondern Wurzeln monocotyler Pflanzen (JUCHNIEWICZ 1975). Die „Sauerkraut-Kohlen" sind danach eine Folge von Wurzelböden innerhalb des Flözes.

Mit der M-Fazies endet eine rhythmische Abfolge. Es folgt ein Zwischenmittel, das Flözhangende oder unmittelbar anschließend die nächste Abfolge mit einer Koniferen- oder, wenn diese fehlt, mit einer Angiospermenfazies. Fehlt die *Marcoduria*-Fazies (primär oder infolge Denudation), dann endet die Abfolge mit einer *Pinus*- oder Glumifloren-strate.

Die seit den ersten Arbeiten von LITKE (1966) und SCHNEIDER (1969a) im großen Umfang vorgenommenen kutikularanalytischen Profiluntersuchungen haben den allgemeinen Charakter der beschriebenen Abfolge grundsätzlich bestätigt. Die Einbeziehung zwischenmittelführender Lagerstättenbereiche erbrachte schließlich den hinreichenden Beweis: Bei Aufspaltung des Flözes entspricht eine Flözbank einer rhythmischen K–A–G–P–M-Abfolge im ungespaltenen Fölz. Diese für die Flözgliederung grundlegende Erkenntnis ist durch eine große Anzahl von Beobachtungen belegt, die sich zu einigen allgemeinen Aussagen verdichten lassen:

1. *Marcoduria*-Kohlen bilden den Abschluß von flözgenetischen Normalabfolgen, demzufolge auch von Flözen und Flözbänken.
2. Aus 1. folgt, daß im Hangenden von Zwischenmitteln wie auch an der Flözbasis keine *Marcoduria*-Kohle vorkommt.
3. Zwischenmittel werden nicht von Glumiflorenkohlen überlagert. Das zwischenmittelbildende Gewässer verlandete demnach auch nicht mit einem Schilfgürtel.
4. Helle Bänder sind nur im Hangenden der *Marcoduria*-Bänke entwickelt. Sie können lateral in Zwischenmittel übergehen (siehe auch PREUSS & SÜSS 1963).
5. Glumiflorenkohlen finden sich regelmäßig an der Basis von *Marcoduria*-Bänken. Gelegentlich kann sich durch Reduzierung der Angiospermenfazies die *Marcoduria*-Fazies der liegenden Abfolge der höheren Glumifloren-Strate nähern, so beispielsweise im oberen Teil der Welzower Profile.

Bei Kenntnis dieser Gesetzmäßigkeiten ist es durch eine genaue, an kutikularanalytischen Untersuchungen geeichte makropetrographische Flözaufnahme möglich, die Zwischenmittelniveaus im ungespaltenen Flöz zu finden. Damit liegen nach den früher gefundenen Glumiflorenniveaus (SCHNEIDER 1969b) weitere Leithorizonte vor. Eine laterale Verzahnung der beiden Glumiflorenniveaus mit den großräumigen Zwischenmittelbildungen, wie sie NEUBERT &

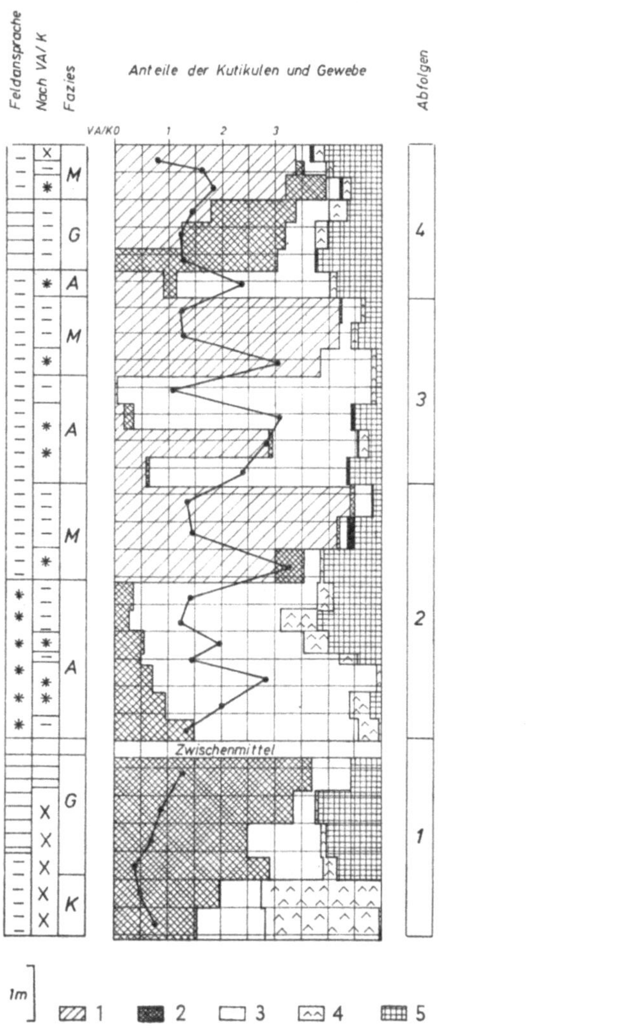

Abb. 2. Darstellung der Faziesrhythmen im 2. Lausitzer Flöz auf der Grundlage einer kutikularanalytischen Untersuchung eines Bohrprofils aus dem Kohlenfeld Welzow-Süd
1 – *Marcoduria*, 2 – strukturlose Kutikulen, 3 – Angiospermenkutikulen, 4 – Taxodiaceenkutikulen, 5 – *Pinus*-Rindengewebe
weitere Signaturen wie Abb. 1

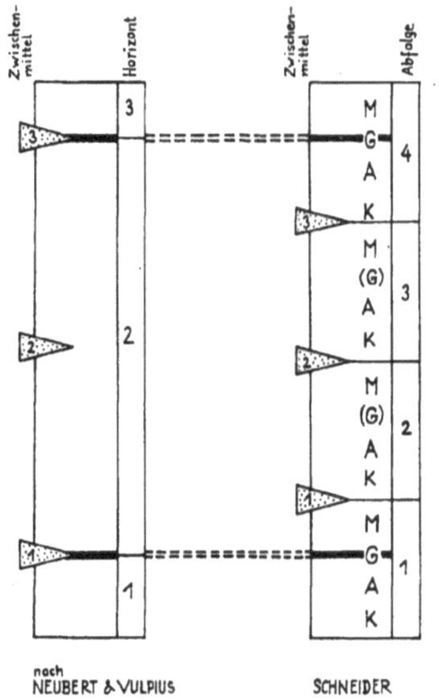

Abb. 3. Zusammenstellung der neueren Gliederungen des 2. Lausitzer Flözhorizonts
M = *Marcoduria*-Fazies, G = Glumiflorenfazies, A = Angiospermenfazies, K = Koniferenfazies
Mächtigkeiten nicht maßstäblich

VULPIUS (1976) annehmen, existiert nicht (Abb. 3). Im Kohlenfeld Welzow-Süd überlagert das Zwischenmittel („Unteres Lausitzer Mittel") typisch ausgebildete Glumiflorenkohlen (G1); oft sind beide zusätzlich durch eine *Marcoduria*-Kohle (M1) getrennt. Das gleiche Zwischenmittel liegt im Kohlenfeld Klettwitz im Hangenden der teilweise flaserig geschichteten, etwa zwei Meter mächtigen *Marcoduria*-Kohle (M1). Das Glumiflorenniveau befindet sich aber unter M1, an der Basis der *Pinus*-Nadelkohle (Abb. 4).

Die Notwendigkeit der gründlichen paläobotanischen Absicherung von Leitniveaus kann kaum besser dargestellt werden. Ein Leitniveau mit der oben dargestellten Unschärfe beeinträchtigt die Aussagekraft der auf dieser Grundlage

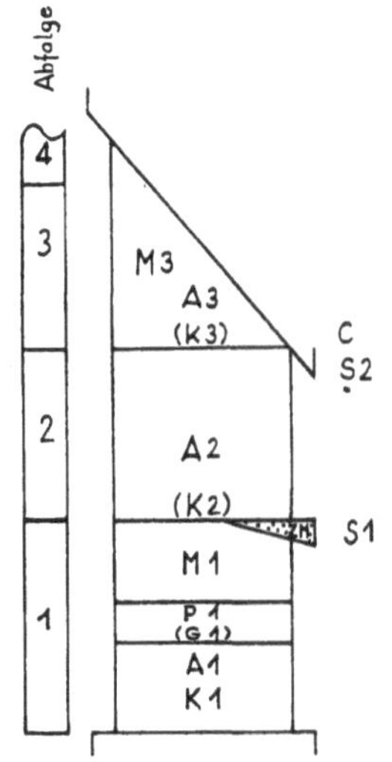

Abb. 4. Normalprofil der Faziesabfolgen im Gebiet von Klettwitz
M = *Marcoduria*-Fazies (M1/M3 = M der 1./3. Abfolge), G = Glumiflorenfazies, A = Angiospermenfazies, K = Koniferenfazies, ZM = Unteres Lausitzer Zwischenmittel, C = *Cunninghamia*-Niveau, S1 = Unteres *Sciadopitys*-Maximum, S2 = Oberes *Sciadopitys*-Maximum

getroffenen. Qualitätsprognosen für einzelne Flözscheiben.

Bei der nachgewiesenen Rhythmizität des Flözaufbaus stellt sich die Frage nach der Identifizierungsmöglichkeit der Flözbänke in Lagerstättenbereichen mit mächtigeren Zwischenmitteln. Es mußte nach Merkmalen gesucht werden, welche die im Grundbauplan einheitlichen rhythmischen Abfolgen bzw. Flözbänke voneinander unterscheiden. Dazu eignen sich zunächst die bereits erwähnten Glumiflorenniveaus der 1. und 4. Abfolge (G1, G4). In den Abfolgen 2 und 3 sind die Glumiflorenfazies nur sporadisch entwickelt.

Als ein weiteres Leitniveau konnte zunächst in den Kohlenfeldern Cottbus-Nord und Hornow-Jänschwalde ein geringmächtiges Vorkommen disperser *Cunninghamia*-Kutikulen im unteren Teil der dortigen 2. Bank (= Horizont 2 nach NEUBERT & VULPIUS 1976) nachgewiesen werden. Damit sind sowohl das Vorkommen der 2. Bank als auch lokal vorkommende Aufspaltungen dieser Bank belegbar.

Im Kohlenfeld Klettwitz wurde ebenfalls ein gut verfolgbares *Cunninghamia*-Niveau in der ungeschichteten Kohle (Angiospermen-Fazies der 3. Abfolge — A3) gefunden (Abb. 4).

Ob mit dem *Cunninghamia*-Niveau ein über die gesamte Niederlausitz ausgebildeter feinstratigraphischer Bezugshorizont vorliegt, kann erst im Rahmen laufender Untersuchungen geklärt werden. Der Nachweis erfolgt mit den auch in kleinsten Fragmenten gut erkennbaren Cuticulae dispersae der Spießtanne (*Cunninghamia*) oder beim Fehlen von Nadelfragmenten in der weiteren Umgebung der *Cunninghamia*-Bestände mit dem dispersen Pollen *Inaperturopollenites concedipites* (WODEH.) (s. KRUTZSCH 1971), der teilw. zu *Cunninghamia* gehört.

In diesem Zusammenhang ist eine Bewertung des oft genannten *Sciadopitys*-Horizonts notwendig. SONTAG (1966, S. 7) weist auf die Unbeständigkeit des Horizonts und auf eine gelegentliche Zweigipfligkeit der Pollenkurve hin. Die kutikularanalytischen Untersuchungen ergaben Bindungen der *Sciadopitys*-Kutikulen an die *Marcoduria*-Kohlen (SCHNEIDER 1969a). Das „zweite Maximum" im unteren Flözdrittel (SONTAG loc. cit.) erscheint danach im oberen Teil der *Marcoduria*-Strate M1, während das obere, eigentliche *Sciadopitys*-Maximum die oft nur andeutungsweise ausgebildete *Marcoduria*-Strate der 2. Abfolge (M2) vertritt (Abb. 4). Im Feld Klettwitz folgt im Hangenden unmittelbar das oben mitgeteilte *Cunninghamia*-Niveau.

Die Bedeutung der Stubbenhorizonte als Leitniveaus und Zeitmarken ist seit THEUMER (1923) offenbar, aber seitdem zu wenig beachtet worden. Als Ursachen sind die sehr zeitaufwendige Kartierung der lateral oft recht ungleich mit Stubben besetzten Niveaus sowie die kaum gegebene Möglichkeit des makroskopischen Nachweises eines bestimmten Stubbenhorizonts in einer Kernbohrung zu nennen. Die Lage der Stubbenhorizonte läßt sich bisher nur mittelbar aus den kutikularanalytisch ermittelten Faziesprofilen ableiten (SCHNEIDER 1969a, Bild 20).

3. Laterale Fazieswechsel

Der über große Gebiete im allgemeinen einheitliche vertikale Flözaufbau kennzeichnet das 2. Lausitzer Flöz als Teil einer Lagerstätte des epirogenen Typs. Damit sind laterale Fazieswechsel jedoch nicht ausgeschlossen. Die paläogeographische Gliederung des Flözbildungsraums und

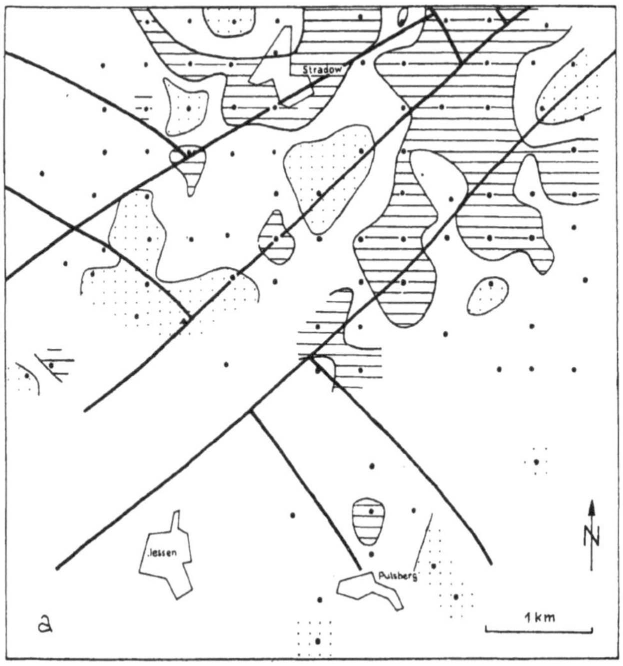

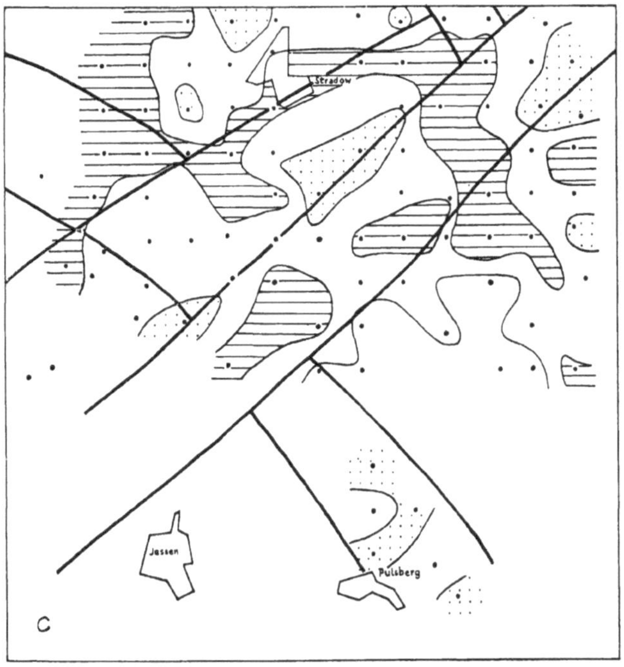

Abb. 5. Verteilung des Textitgehalts in einem Teil des Kohlenfelds Welzow-Süd mit Darstellung von Störungslinien im prätertiären Untergrund nach NEUBERT & VULPIUS (1976)

a – Liegendscheibe (Abfolge 1 entsprechend Abb. 3); b – Mittelscheibe (Abfolge 2, Abfolge 3 bis einschließlich A 3); c – Hangendscheibe (Abfolge 3 ab G 3, Abfolge 4)
waagerecht schraffiert – Textitgehalte > 30%; punktiert – Textitgehalte < 20%; dicke Punkte – untersuchte Kernbohrungen

die nachgewiesenen tektonischen Aktivitäten lassen auf ihr Vorhandensein schließen. Sie wurden auch festgestellt und das in Ausmaßen, die ihnen sowohl für lagerstättengeologische als auch gewinnungs- und veredlungstechnische Aussagen bedeutendes Gewicht verleihen.

Als erstes Beispiel sei der petrographische Aufbau des Flözes im Kohlenfeld Welzow-Süd dargestellt. Zum Nachweis von Kokskohle wurde hier die mikropetrographische

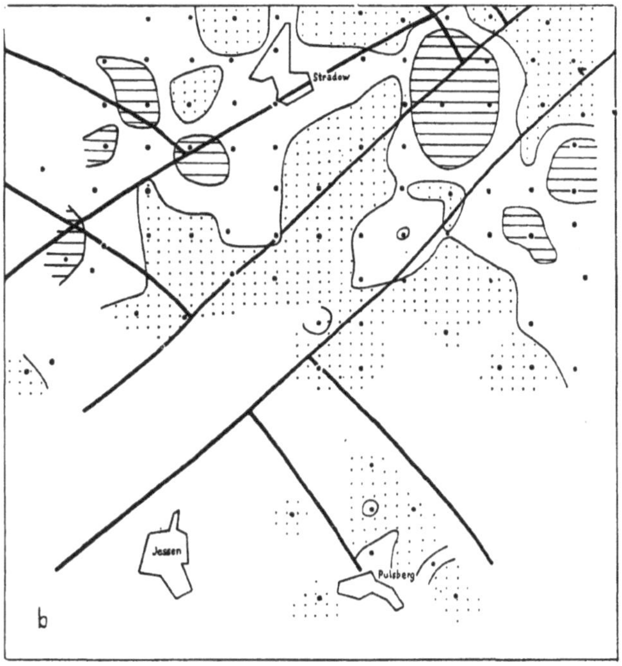

Analyse nach der Systematik von SONTAG, TZSCHOPPE & CHRISTOPH (1965) an Kernbohrungen im 400 m-Netz eingesetzt. Um eine sortengerechte Gewinnung zu ermöglichen, erfolgte eine Zuordnung der Einzelergebnisse zu Flözscheiben (Hangend-, Mittel- und Liegendscheibe). In Abb. 5 ist die Verteilung des Textits dargestellt. Darunter werden alle in der Kohle enthaltenen mikroskopisch erkennbaren pflanzlichen, einschließlich der holzigen Gewebe (Xylit) zusammengefaßt. Die Karten zeigen eine klare Gliederung in textitreiche und textitarme Gebiete. Ein Vergleich der Karten verschiedener Flözscheiben führt zu dem bemerkenswerten Ergebnis, daß sich die Maxima der Textitverteilung nahezu decken. Diese Tatsache gestattet sowohl lagerstättengenetische als auch technologische Folgerungen. Für beide Fälle ist vorzugeben, daß Textit- und Xylitgehalt im allgemeinen eine gute Korrelation ergeben. Die Tabelle bringt einige Beispiele.

Tabelle

	n	Korrelations-koeffizient	Ausgleichsgerade Textit $(y) = f$ [Xylit (x)]
Cottbus-Nord	23	0,80	$y = 0{,}76\,x + 14{,}17$
Hornow-Jänschwalde	66	0,71	$y = 0{,}66\,x + 12{,}70$
Meuro	39	0,90	$y = 0{,}79\,x + 5{,}39$

Bei sehr unterschiedlichen Anteilen gewebereicher Lithotypen (z. B. flaserig geschichtete *Marcoduria*-Kohlen) kann der Korrelationskoeffizient stark zurückgehen. In faziell gleichen Kohlen liegt der Wert jedoch in der angeführten Größenordnung. So werden auch die Textitgehalte der petrologisch wenig heterogenen Flözscheiben die Verteilung des Xylitgehalts anzeigen.

Lagerstättengenetisch ist die Feststellung xylitreicher Areale und deren Permanenz während der gesamten Zeit der Flözbildung bedeutsam. Die prälignitische Morphologie, die für die Verteilung der Waldmoorgebiete zu Beginn der Flözbildung verantwortlich ist, paust sich gleichsam bis zum Flözhangenden durch. Der relativ geringe Setzungskoeffizient xylitführender Kohlen mag dazu beigetragen haben, daß ein xylitreiches Areal des basalen Flözbereichs als relatives Hochgebiet verblieb, wo sich wiederum Waldmoor entwickeln konnte.

Zu ähnlichen Ergebnissen führten die Xylitkartierungen in den Kohlenfeldern bei Lübbenau (ROSZIG 1975), wo Häufungen von Stubben und Stämmen sich oft im gesamten Vertikalprofil fortsetzen.

In die Karten aus dem Feld Welzow-Süd wurden bisher nachgewiesene, teilweise noch im Tertiär wirksame Störungen eingezeichnet (nach NEUBERT & VULPIUS 1976). Es handelt sich um die Fortsetzung der parallel zum Lausitzer Hauptabbruch (herzynisch) streichenden Kauscher Grabenzone und diese querende Begleitstörungen der Hoyerswerdaer Querstörung. Die Xylitmaxima insbesondere im NE des Gebiets ordnen sich grob in zwei einander kreuzende „Rücken“, die annähernd den tektonischen Hauptrichtungen entsprechen.

Den festgestellten Änderungen von Kohlenqualitätsparametern in Abhängigkeit von Störungen im Untergrund (NEUBERT & VULPIUS 1976) kann damit ein erstes Beispiel aus dem kohlenpetrologischen Merkmalsbereich hinzugefügt werden, an dem auch die Kausalkette von der Tektonik zum Qualitätsmerkmal über tektonisch gesteuerte paläogeographische Faktoren zu schließen versucht wurde.

Bei der Gewinnung von Kokskohlen können durch die nachgewiesene Veränderlichkeit zeitliche Qualitätsänderungen vorausbestimmt oder erklärt werden, je nachdem ob die Abbaustrosse parallel oder quer zu den meist längsgestreckten Xylit-„Rücken“ verläuft. Da der Wechsel im Xylitgehalt den gesamten Profilbereich erfaßt, entfällt auch die Möglichkeit des vertikalen Verschnitts.

Das zweite Beispiel zeigt eine Kartenskizze mit einigen ausgewählten Merkmalen aus dem Gebiet Klettwitz (Abb. 6). Die Abfolge 1, die alle Fazies (K–A–G–P–M) in kennzeichnender Ausbildung enthält, ist im Hangenden durch einen scharfen Faziewechsel von flaserig geschichteter *Marcoduria*-Kohle zu ungeschichteter Angiospermenkohle begrenzt. In den Mazerationspräparaten der Angiospermenkohle finden sich im unteren Teil noch einzelne braungefärbte *Marcoduria*-Fragmente, die auf Vergelungserscheinungen hinweisen, welche mit Annäherung an das Zwischenmittelgebiet auch petrographisch deutlich werden.

Die Mächtigkeitsverteilung der somit gut abgrenzbaren 1. Abfolge zeigt etwa N–S verlaufende Isopachen. Das nach Ablagerung der 1. Abfolge in Form einer sehr schmalen, ebenfalls N–S verlaufenden Einbuchtung übergreifende Zwischenmittel folgt dem Mächtigkeitsminimum der 1. Abfolge. Die Mächtigkeitsunterschiede sind demnach nicht durch unterschiedliche Absenkungsgeschwindigkeit bedingt. Das Zwischenmittel müßte dann im Gebiet größerer Mächtigkeit der 1. Abfolge anzutreffen sein. Die Isopache der *Marcoduria*-Strate zeigt weiterhin, daß der Mächtigkeitsrückgang wesentlich auf Kosten dieser Strate erfolgt. Dies erlaubt den Schluß, daß es im Zeitraum der Zwischenmittelbildung zu Aufarbeitungen eines Teils der liegenden *Marcoduria*-Kohlen kam. Die Hangendgrenze der M 1-Strate trägt somit wenigstens gebietsweise den Charakter einer sehr flachen Erosionsdiskordanz.

Die Karte (Abb. 6) zeigt weiterhin die Verbreitung des oben bereits erwähnten *Cunninghamia*-Niveaus. Östlich und westlich etwa N-S verlaufender Grenzen ist *Cunninghamia* kutikularanalytisch nicht nachweisbar. Damit ist das von *Cunninghamia* bestandene Moorgebiet in einer ebenfalls nordsüdlichen Erstreckung festgestellt. Die eingetragene Südbegrenzung bezeichnet die Schnittlinie des

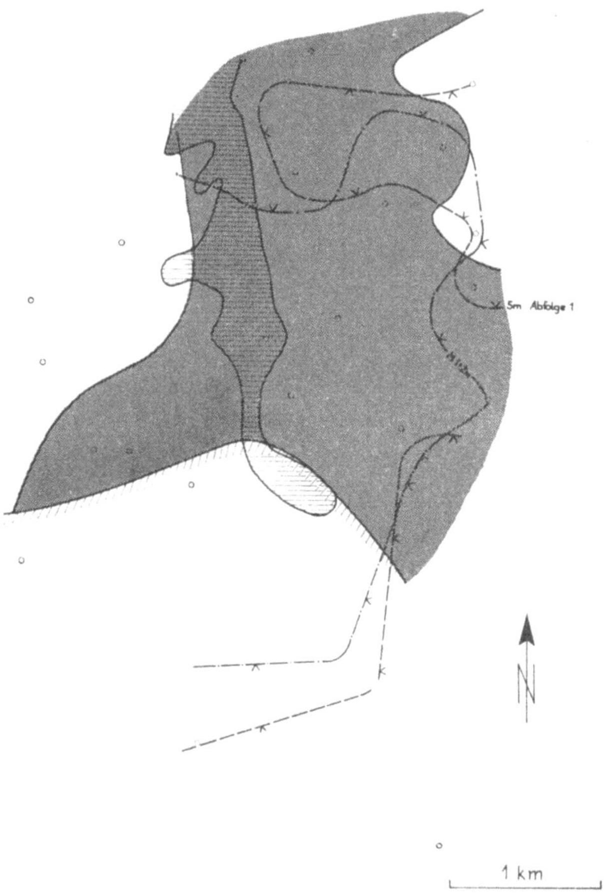

Abb. 6. Regionale Anordnung einiger Elemente des Faziesprofils im Gebiet von Klettwitz

waagerechte Schraffur – Verbreitung des Zwischenmittels ZM1; grau – Verbreitung des *Cunninghamia*-Niveaus (Cuticulae dispersae); M1 = 2 m – Isopache der *Marcoduria*-Strate der 1. Abfolge; 5 m Abfolge 1 – Isopache der Abfolge 1

Cunninghamia-Niveaus mit dem Flözhangenden, die in diesem Gebiet quer zu der moorfaziellen Gliederung verläuft. Die Flözbildung endete hier somit nicht gleichsinnig mit den Faziesänderungen während der Flözbildung.

Es ist sehr unwahrscheinlich, daß die Unvollständigkeit des Flözprofils im S durch eine früher einsetzende Beendigung der Flözbildung bedingt ist. Die faziellen Einheiten im obersten Abschnitt der vollständigen Profile im N einschließlich des *Cunninghamia*-Niveaus ändern sich in Richtung auf die reduzierten Profile in ihrer Ausbildung nicht.

Der vorliegende Sachverhalt ist durch eine Denudation der oberen Flözabschnitte im S zu erklären. Damit sind die Vorstellungen von einem „ertrinkenden Moor“ (LOTSCH et coll. 1969) mit einem lückenlosen Übergreifen des Hangendschluffs wenigstens für einen Teil des Ablagerungsraums zu revidieren. Viele petrologische Merkmale und nicht zuletzt die Faziesrhythmen sind mit einer die Bildung der Flözbänke (= Faziesrhythmen) und schließlich des Flözes beendenden Verlandung weit besser erklärbar als mit stetig fortschreitender Absenkung.

Zusammenfassung

Als Ergebnis langjähriger mikropaläobotanischer und mikropetrographischer Untersuchungen am 2. Lausitzer Flözhorizont werden einige grundlegende flözgenetische Zusammenhänge anhand von Beispielen dargestellt

Резюме

Как результат многолетних микропалеонтологических и микропетрографических исследований 2-го Лужицкого пластового горизонта представляются некоторые основные пласто-генетические связи на основе примеров.

Summary

By means of examples some fundamental seam-genetic relations are described as a result of many years' micropalaeobotanical and micropetrographical studies of the 2nd Lusatian seam horizon.

Literatur

AHRENS, H.; LOTSCH, D.: Marines Miozän in Südostbrandenburg. — Z. angew. Geol., 9, 3, 135—137, Berlin 1963a.
AHRENS, H.; LOTSCH, D.: Tektonische Bewegungen im Tertiär der zentralen Niederlausitz. — Geologie, 12, 7, 833—841, Berlin 1963b.
JACOB, M.; SÜSS, M.: Vorschläge zur graphischen Auswertung von Braunkohlenuntersuchungen in Profildarstellung. — Bergakademie, 10, 10, 521—527, Berlin 1958.
JUCHNIEWICZ, K.: Flora kopalna Turowa Koło Bogatyni w świetle analizy nabłonkowej. I Cuticulae dispersae zawarte w iłach. — Prace Muzeum Ziemi Nr. 24, 65—132, Warszawa 1975.
KRUTZSCH, W.: Atlas der mittel- und jungtertiären dispersen Sporen — und Pollen — sowie der Mikroplanktonformen des nördlichen Mitteleuropas, — Liefg. 6, 234 S., Jena 1971.
LITKE, R.: Kutikularanalytische Untersuchungen im Niederlausitzer Unterflöz. — Paläont. Abh., 2, 2, 327—426, Berlin 1966.
LOTSCH, D. et coll.: Stratigraphisches Schema für das Tertiär der DDR. — Abh. Zentr. geol. Inst., 12, I—XIV, 1—438, Berlin 1969.
NEUBERT, K.-H.; VULPIUS, R.: Untersuchungen zur regionalen Entwicklung der Kohlenqualität des 2. Lausitzer Flözhorizontes — eine Grundlage für die Rohstoffprognose. — Diss. Sektion Geowissenschaften Bergakademie Freiberg, Freiberg 1976.
PREUSS, B.; SÜSS, M.: Über das Vorkommen von Hellen Bändern in den Tagebauen der Niederlausitz sowie deren komplexe Untersuchung. — Bergbautechnik, 13, 7, 358—366, Leipzig 1963.
ROSZIG, B.: Mittlere Gehalte und Verteilung des groben Xylits des 2. Lausitzer Flözes an festgelegten Stellen im Tagebau Seese-West sowie Auswertung der Xylitkartierungen im Tagebau Schlabendorf-Nord und Vergleich der Ergebnisse. — Diplomarbeit Sektion Geowissenschaften der Bergakademie Freiberg, Freiberg 1975.
SCHNEIDER, W.: Tertiäre Cuticulae dispersae. Taxonomie, fazielle Aussage und praktische Bedeutung disperser Kutikulen aus Braunkohlen der DDR unter besonderer Berücksichtigung des 2. Lausitzer Flözes. — Diss. Bergakademie Freiberg 219 S., 27 Taf., 14 Abb., 10 Tab., 37 Anlagen. Freiberg 1967.
SCHNEIDER, W.: Cuticulae dispersae aus dem 2. Lausitzer Flöz (Miozän) und ihre fazielle Aussage. — Freiberger Forsch.-H. C 222, 75 S., Leipzig 1969a.
SCHNEIDER, W.: Zur kutikularanalytischen Kennzeichnung technologisch bedeutsamer Braunkohlen-Lithotypen im 2. Lausitzer Flöz. — Freiberger Forsch.-H., C 242, 29—34, Leipzig 1969b.
SONTAG, E.: Mikrobotanische (palynologische) Untersuchungen am 2. Niederlausitzer Flözhorizont. — Geologie, 15, Beiheft 54, 1—141, Berlin 1966.
SONTAG, E.; TZSCHOPPE, E.; CHRISTOPH, H.-J.: Beitrag zur mikropetrographischen Nomenklatur und Analyse der Weichbraunkohle. — Z. angew. Geol., 11, 647—658, Berlin 1965.
SÜSS, M.: Petrologische und technologische Untersuchungen am 2. und 4. Niederlausitzer Flözhorizont. — Freiberger Forsch.-H., C 185, 1—417, Leipzig 1964.
THEUMER, T.: Was beweisen die Stubbenhorizonte in den Braunkohlenflözen? — Jb. Hall. Verb. z. Erforsch. mitteldtsch. Bodenschätze III, Lfg. 2, Halle 1923.

Mollisoldiapirismus

EISSMANN, L., Leipzig

In mehrfach von Gletschern überfahrenen Gebieten wie dem mitteleuropäischen Raum (Abb. 1) mit nachweislich bis 400 m tiefen glaziären Störungen besteht naturgemäß die Versuchung, zumindest die bedeutenderen oberflächennahen Lagerungsanomalien allein aus der Sicht der Gletschertätigkeit zu sehen. Der in den letzten Jahrzehnten bei Forschungen in rezenten Dauerfrostgebieten der Erde erreichte Kenntnisfortschritt in der Kryopedologie mahnt jedoch zur Vorsicht. Er läßt manchen seit langem als glazigen interpretierten Störungstyp in neuem Licht erscheinen: als wesentlich, häufig ausschließlich kryogene Strukturform. Der Verwechslung glazigener und kryogener Erscheinungen wird dadurch besonderer Vorschub geleistet, daß die Gletscher in der Vorstoßphase große Flächen ihrer eigenen, von Frostprozessen geprägten Periglazialzone überfahren, und am Ende der Vergletscherung der Periglazialgürtel dem zerfallenden Eis nachfolgt, so daß am Anfang glazigene Prozesse kryogene Erscheinungen und am Ende kryogene Vorgänge glazigene Strukturen überformen können.

Zu den augenfälligsten rezenten Kryostrukturen mit nachhaltigem Einfluß auf die Lagerungsverhältnisse zählen im sibirischen und nordamerikanischen Permafrostgebiet mit maximalen Frostbodenmächtigkeiten bis 1500 bzw. 550 m die bis 70 m hohen Eishügel[1]), namentlich in Form der Pingos (MÜLLER 1959, MAARLEVELD 1965), und die ausgedehnten Netze bis 60 m tiefer und bis 10 m breiter Eiskeile (ROMANOWSKIJ 1973 und andere Autoren). Die Bodendestruktion hängt oft weniger mit der Volumenvergrößerung des gefrierenden Bodenwassers oder dem Wachstumsdruck des massiven Bodeneises zusammen, sondern mit der Degradation des Frostbodens, d. h., der Bildung eines wassergesättigten, mechanisch hoch beweglichen Auftaubodens oder Mollisols. Eine besondere Rolle spielt dabei das ausschmelzende gang- oder linsenförmig auftretende segregative Massiveis und das Eis der Eiskeilpolygone (CZUDEK & DEMEK 1973).

Alle aus den rezenten Dauerfrostgebieten bekannten Froststrukturen sind in den letzten Jahrzehnten fossil auch im mitteleuropäischen Raum nachgewiesen worden. Vor allem leicht identifizierbare ehemalige Eiskeile, für deren Entstehung neuerdings PÉWÉ (1973) eine Jahresmitteltemperatur von unter −6 bis −8°C annimmt (siehe auch DYLIK & MAARLEVELD 1967), liefern den Beweis, daß hier schon seit dem älteren Quartär wiederholt Dauerfrostböden entwickelt waren. Zur Bildung eines geschlossenen, mächtigen Frostbodens kam es wahrscheinlich aber erst seit Beginn der Elstereiszeit (Abb. 1), wie die gravierende Zäsur in Tiefe und Dichte der Eiskeile zwischen dem vorelstereiszeitlichen und jüngeren Quartär beispielsweise in dem gut erschlossenen Saale-Elbe-Gebiet lehrt (EISSMANN 1975, 1976). Bereits das hier nachgewiesene breite Spektrum an Frosterscheinungen (Eiskeile, Kryoturbationen, Diapirismus der Auftauböden, Tropfenböden, Kryoplanationsflächen, Korrasionstälchen, Talasymmetrie und Blockmeere) macht wahrscheinlich, daß sich in Mitteleuropa zumindest seit der Elstereiszeit auch ähnlich vielfältige und komplizierte Prozesse abgespielt haben wie im rezenten Dauerfrostbereich der Erde. Beispiel einer vom Frost in ein dichtes, polygonales Netzwerk aus bis 8 m tiefen Spalten zersprengten Schichtplatte ist die frühsaaleglaziale Hauptterrasse in der Leipziger Tieflandsbucht (Abb. 2, oben), eines örtlich weitgehenden Zusammenbruchs des primären Schichtgefüges im sommerlichen (Jahreszeiten-)Auftauboden die frühelsterglaziale Schotterterrasse der Saale im ehemaligen Tagebau Kulkwitz-Miltitz (Abb. 3).

Statische Braunkohleaufpressungen

Wenden wir uns nun einem Phänomen zu, das seiner bergbaupraktischen wie glaziologischen und klimastratigraphischen Bedeutung wegen längere Zeit schon das Augenmerk der Braunkohlen- und Quartärgeologen auf sich gelenkt hat: den statischen Braunkohleaufpressungen. Es werden darunter jene merkwürdigen vergenzlosen bis leicht geneigten Flözaufpressungen verstanden, die schon seit Beginn des Braunkohlenbergbaus in der Leipziger Tieflandsbucht, vor allem im Weißelsterbecken (ETZOLD 1912) und im Geiseltal (WEIGELT 1928, 1929), nachgewiesen, aber erst durch die subtilen Beschreibungen WAGENBRETHS (1955, 1960) u. a. aus dem Profener Raum allgemeiner bekannt geworden sind. Sie pflegen einzeln oder schwarmweise in Gebieten aufzutreten, wo die Flöze in bezug auf die alten eiszeitlichen Landoberflächen in geringer Tiefe anstanden und unruhig gelagert sind (pri-

Eingang des Manuskripts in der Redaktion: 16. 2. 1977.

[1]) Sie sind nicht ausschließlich an Dauerfrostgebiete gebunden.

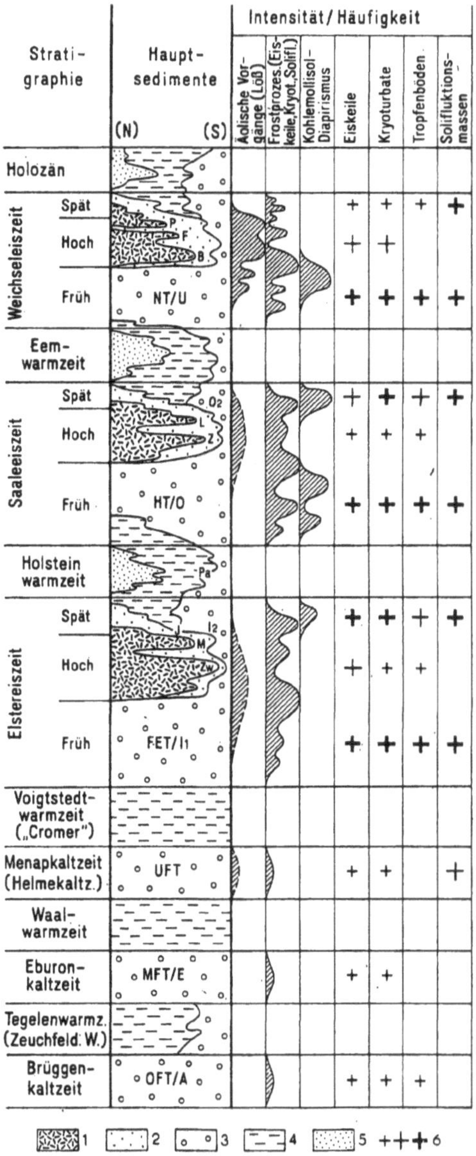

Abb. 1. Gliederung und Fazies-Zeit-Diagramm des Quartärs der DDR mit dem Versuch einer Intensitäts- und Häufigkeitseinschätzung periglaziärer Prozesse und Erscheinungen nach Befunden im Altmoränengürtel (siehe EISSMANN 1975)

1 – Grundmoränen; 2 – glazifluviatile und -limnische, untergeordnet limnisch-fluviatile Sedimente; 3 – fluviatile Sedimente; 4 – limnisch bis limnisch-fluviatile Sedimente; 5 – marine und brackische Sedimente; 6 – selten bzw. häufig bzw. sehr häufig

Abkürzungen in zeitlicher Ordnung:

P – Pommersches, F – Frankfurter, B – Brandenburger, L – Leipziger, Z – Zeitzer, M – Markranstädter, Zw – Zwickauer Stadium bzw. Phase; NT/U – Niederterrasse des Saalesystems/U-Elbe; O_2-Elbe (Rückzugsschotter unterschiedlicher Höhenlage, inklusive „Warthe"-Terrassen); HT/O_1 – Hauptterrasse/O_1-Elbe; Pa – Paludinenschichten; I_2 – I_2-Elbe (Rückzugsschotter unterschiedlicher Höhenlage); J – Jessener Schichten (glazilimnisch-glazifluviatiles bis limnisch-fluviatiles Äquivalent des Lauenburger Tons); FET/I_1 – Frühelsterterrasse/I_1-Elbe; UFT – Untere frühpleistozäne Terrasse; MFT/E – Mittlere frühpleistozäne Terrasse/E-Elbe; OFT/A – Obere frühpleistozäne Terrasse/A-Elbe (z. T.)

märe Randbereiche der Flöze, Subrosionsgebiete). Die Formen sind vielgestaltig. Neben breiten, kuppelartigen, treten spitz konische, pfeilerartige, vor allem aber wall- und mauerartige auf. Der Top der Strukturen ist häufig ausgeschwänzt. Typisch sind meterdicke bis zentimeterdünne Apophysen. Aus den überbaggerten Regis-Breitinger Kohlefeldern gibt GRAHMANN (1934, siehe hier Abb. 7) folgende Charakteristik: „Es läßt sich keinerlei tangentiale Druck- oder Schubrichtung erkennen: Der Verlauf der Sättel ist wenig regelmäßig, die Sattelachsen selbst steigen auf und ab, die Sattelfirste sind manchmal ganz spitz, die Sattelflanken zeigen Schleppungen, Verwulstungen und im kleinen ähnliche Bilder wie die Ränder der norddeutschen Salzstöcke. All das erinnert an ein Aufquellen der leichteren Kohlemasse durch das Deckgebirge hindurch." Nördlich von Zeitz schwankt der Durchmesser der im Grundriß mehr rundlichen Strukturen in halber Höhe zwischen wenigen Metern und Dekametern, die Breite der Dekameter bis über 500 m langen linearen (mauerartigen) Gebilde zwischen 1 und 10 m (Mittel 2 bis 5 m). Größere Dimensionen erreichten die Strukturen, die WEIGELT (1928, 1929) aus dem Geiseltal beschrieb, was mit der höheren Flözmächtigkeit zusammenhängt. Die maximale („autoplastische") Aufstiegshöhe wird mit rund 50 m beziffert (Differenz zwischen Top und Kohleoberfläche in der Randsenke). In den Regiser Feldern stieg die Kohle 15 bis 20 m über das normale Flözniveau. Nördlich von Zeitz (Profener Felder) überragen die Aufpressungen das jeweilige Flöz im Durchschnitt um 5 bis 12, maximal um 20 m (Differenz Top bis Kohleoberfläche in der Randsenke maximal 25 m). Das typische Merkmal der Strukturen ist, daß sie ihre Hangendschichten in der Regel nicht bloß aufwölben, sondern diskordant durchstoßen, es sich somit im Sinne des Wortes um Diapire handelt. Daß es detailgetreue Miniaturbilder der mächtigen Salzstöcke sind, machen Abb. 5 und 6, besonders aber Abb. 4 deutlich, in der versucht worden ist, alle bekannten Aufpressungstypen nördlich von Zeitz unter besonderer Berücksichtigung der für die zeitliche Fixierung des Aufstiegs wichtigen Begleitschichten und aller Male, die für die Rekonstruktion des Periglazialmilieus von Bedeutung sind, synoptisch darzustellen. In der südlichen Leipziger Bucht sind bisher schätzungsweise über 300 dieser Diapire bekannt geworden. Sie stiegen gebietsweise synchron so massiert und strukturprägend auf (Abb. 11, 13), daß für gewisse Zeiten von einem Kohlediapirismus gesprochen werden kann.

Für die Klärung der Genese dieser Strukturen sind zunächst ähnliche, aber in der Dimension offenbar oft weit kleinere Formen von Interesse, die außerhalb der nordischen Vereisungsgrenze in Mitteleuropa bekannt geworden sind. FLIEGEL (1937) beschrieb aus der Niederrheinischen Bucht bis 5 m hohe Aufpressungen eines hoch liegenden Braunkohleflözes und seiner Liegendsande, die KAISER (1958, S. 118f.) als „hydrostatisch begünstigte kryodynamische" Strukturen interpretierte, nachdem sie FLIEGEL mit jungen tektonischen Bewegungen in Zusammenhang gebracht hatte. SCHENK (1964a) erwähnte aus Hessen pingoartige Aufbeulungen der Braunkohle und ihres Liegenden und sieht in ihnen ebenfalls Frostwirkungen. Autoplastische diapirische Erscheinungen in pleistozänen Peliten sind wiederholt beschrieben oder abgebildet worden, z. B. von MAKOWSKA (1961) aus dem polnischen Altmoränengebiet und von PÉCSI (1963) aus der Ungarischen Tiefebene.

Hinsichtlich der hier beschriebenen Braunkohlendiapire, namentlich des Profener Raums, kommt WAGENBRETH (1955, S. 68) zu dem Ergebnis, daß die meisten, speziell die schmalen und hohen, „durch ein Abwandern der plastischen Kohle von Stellen, die unter Belastungsdruck des Eises standen und ein Aufsteigen zu druckentlasteten Stellen, besonders unter Eisspalten" entstanden sind. Ihre heutige Form hätten die Aufpressungen am Ende des Hauptvorstoßes der Saalevereisung erhalten. WEIGELT (1928) hatte für die Entstehung der Strukturen des Geiseltals dagegen stärker autoplastische Bewegungen der Kohle angenommen; und zwar in Zeiten höheren Wasser-

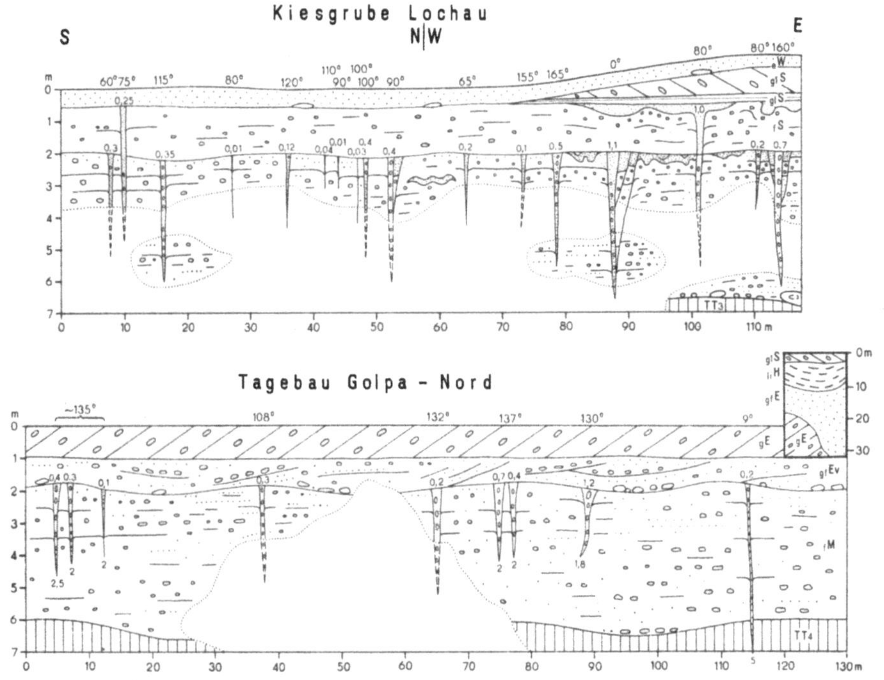

2

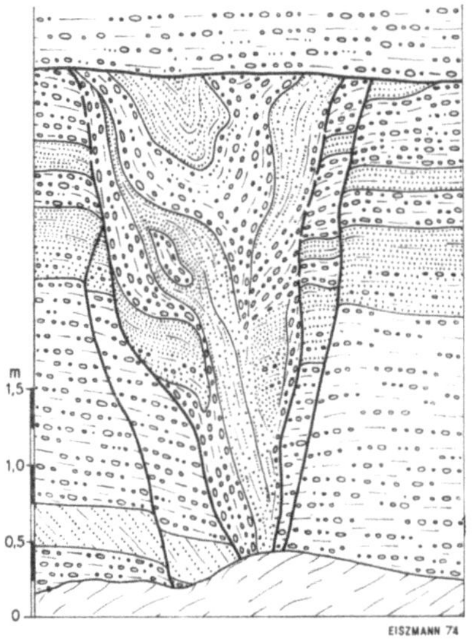

2 a

Abb. 2. Von Frostprozessen während der Saale- (oberer Schnitt) und Elstereiszeit, möglicherweise auch Menapkaltzeit (unterer Schnitt) zersprengte Schotterplatten in der Leipziger Tieflandsbucht

e^W – weichselglazialer Sandlöß; $g1^S$ – 1. Saalegrundmoräne; gl^S – Böhlen-Lochauer Bänderton; f^S – frühsaaleglaziale Hauptterrasse der Saale; li^H – holsteinwarmzeitliche Schluffe und Sande; gf^E – elsterglaziale Sande und Kiese (Rinnensedimente); g^E – Elstergrundmoräne; gf^{Ev} – elsterglaziale Sande und Kiese der Gletschervorstoßphase (Schmelzwasserbildungen nach einem lokalen Eisvorstoß); f^M – Untere frühpleistozäne Terrasse der Saale (Menapterrasse); TT4 – Miozän, TT3 – Oligozän
Breite und Tiefe der Eiskeilpseudomorphosen in m

Abb. 2a. Saaleglazialer Eiskeil wie Abb. 2

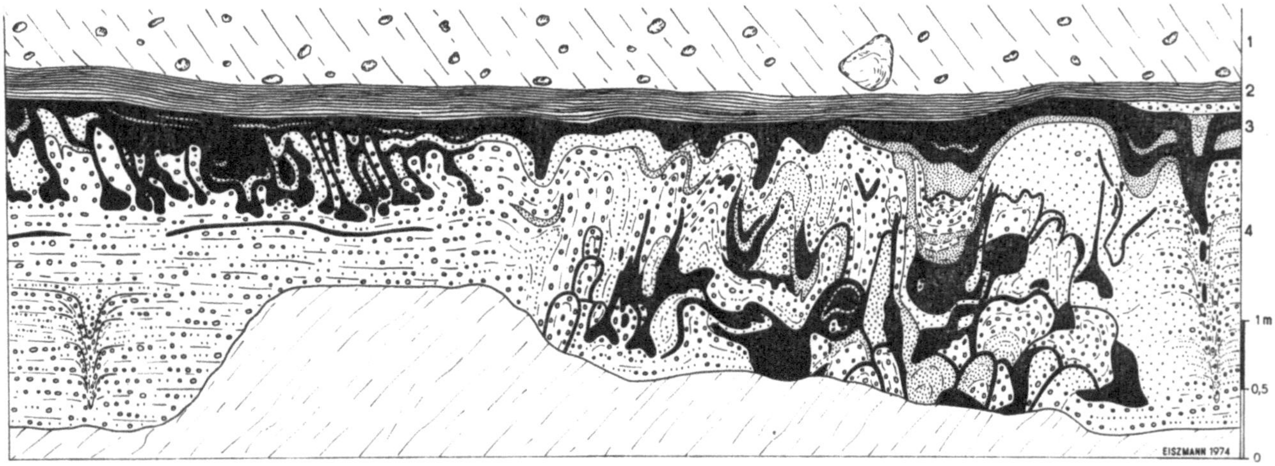

Abb. 3. Kollapsartige Strukturdeformationen im elsterglazialen Sommer-Mollisol. Lausener Kliff des Tagebaus Kulkwitz-Miltitz (nach EISSMANN 1975, S. 59)

Mindestens eine jüngere und eine ältere Generation von reifen Tropfenböden (die basal abgeflachten Tropfen markieren die jeweilige Frostbodenoberfläche, Länge von Tropfenhals und Tropfen ergeben die Mächtigkeit der sommerlichen Auftautiefe, Tropfenboden in der linken Bildhälfte vermittelt eine Vorstellung von der Auftaubodenmächtigkeit unmittelbar vor dem Gletscherrand); Taschenböden als initiales Stadium der Tropfenböden; walzen- und kugelförmige Kryoturbationserscheinungen; schwacher Diapirismus; Eiskeilpseudomorphosen
1 – Untere Elstergrundmoräne; 2 – Dehlitz-Leipziger Bänderton; 3 – Schluff und schluffiger Fein- und Mittelsand der Litoralfazies („Schlepp") des Delitz-Leipziger Eisstausees; 4 – frühelsterglaziale Schotterterrasse der Saale
weitere schwarz angelegte Schichten: meist kohlehaltiger Schluff bis schluffiger Fein- und Mittelsand

gehalts der Kohle. Außerdem zog er Aufpressungen am Gletscherrand nach Art einer Kippenfußaufpressung in Erwägung. Autoplastische Vorgänge sollen nach WAGENBRETH nur im Vorstadium eine Rolle gespielt haben (Anlage von Breitsätteln). Der Gedanke, daß auch Bodenfrost im Spiel gewesen sein könnte, findet sich unseres Wissens zuerst bei GRAHMANN (1934, S. 19), der sich aber dann doch für eine glazigene Ursache entscheidet: „Wenn man nicht annehmen will, daß sie (die Bewegung, d. Verf.) auf bisher in ihrem Wesen nur unvollkommen erkannte Wirkungen im gefrorenen Untergrunde zurückgeht, so bleibt als einfachste Erklärung doch die Annahme einer

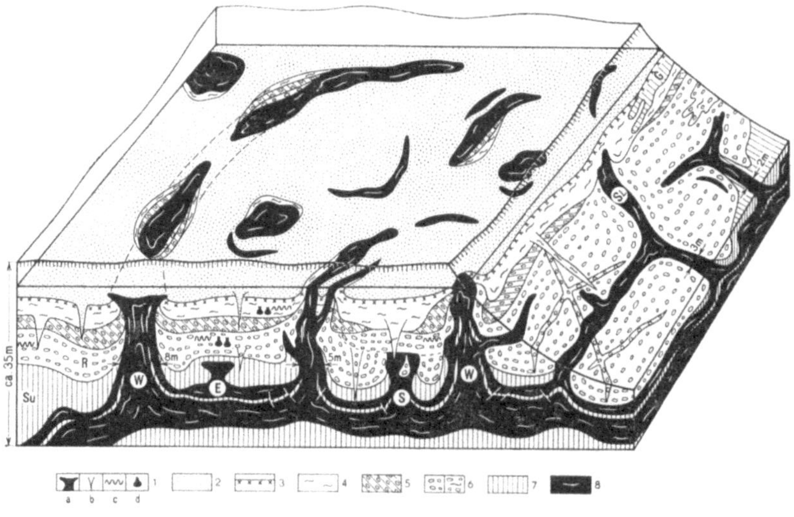

Abb. 4. Synoptische Darstellung der häufigsten Braunkohlediapirtypen und anderer kryogener Strukturen in der südwestlichen Leipziger Tieflandsbucht (Raum Pegau—Profen)

1 — Frost- und Auftaubodenerscheinungen: a — Braunkohlediapire, b — Eiskeilpseudomorphosen, c — Kryoturbate, d — Tropfenböden; 2 — weichselglazialer Lößkomplex; 3 — Eemboden und weichselglazialer Steppenboden; 4 — spätsaaleglazialer Fließerde-Löß-Komplex (vorwiegend Ende Zeitzer Phase bis Beginn Eemwarmzeit, siehe Fußnote 2); 5 — 1. Saalegrundmoräne mit Böhlen-Lochauer Bänderton an der Basis (Zeitzer Phase der Saaleeiszeit); 6 — frühsaaleglaziale Hauptterrasse der Weißen Elster mit Fließerdeeinlagerungen; 7 — tertiäre Klastika; 8 — oligozäne und obereozäne Braunkohle mit Fließtexturen

Alter der Braunkohlediapire: E — (?) Spätelstereiszeit; S — vorwiegend frühe Saaleeiszeit; SL — Saaleeiszeit nach der Zeitzer Phase; W — Weichseleiszeit

Sonstige Abkürzungen: G — periglaziäre Hanggleitscholle; R — Randsenke der Diapire; Su — Subrosionssenke

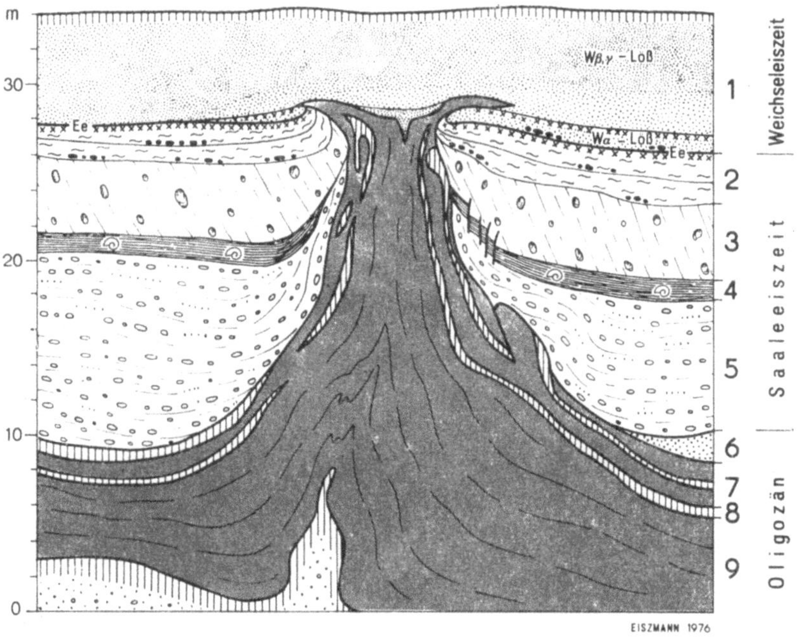

Abb. 5. Weichselglazialer Braunkohlediapir im Tagebau Profen (sogenannter Floßgrabenlochdiapir)

1 — weichselglazialer Lößkomplex mit mindestens einem Bodenhorizont; 2 — spätsaaleglazialer Fließerde-Löß-Komplex (siehe Fußnote 2) mit Eemboden im Hangenden; 3 — 1. Saalegrundmoräne; 4 — Böhlen-Lochauer Bänderton mit Litoralsediment („Schlepp") des Böhlener Eisstausees (kälteliebende Gastropoden, Moose); 5 — Hauptterrasse der Weißen Elster; 6 — mitteloligozäne Glaukonitsande; 7 — Obere und Untere Bank des Böhlener Oberflözes mit Tonmittel; 8 — Ton-Schluff-Sand-Mittel; 9 — Thüringisches Hauptflöz mit liegenden Tonen, Sanden und Kiesen

recht mächtigen Eisdecke in geringer Entfernung." Obwohl außer ETZOLD (1912), der an flözsyngenetische bis quasisyngenetische Kohleanschwellungen dachte, die meisten älteren Bearbeiter des Phänomens das Gletschereis als maßgebliche auslösende Kraft im Auge hatten, läßt sich anhand feinstratigraphischer Aufnahmen der Diapirhüllschichten gerade der glazigene Faktor in den meisten Fällen am leichtesten eliminieren. Bei kritischer Analyse der älteren Beschreibungen gilt dies auch für das Geiseltal, soweit es nicht schon WEIGELT klar erkannt hatte, und den Regiser Raum (umgelagerte Kohle in vor der Eisbedeckung gebildeten Sedimenten). Danach entstand der größte Teil der Strukturen mit Sicherheit in der Zeit zwischen der saale- und elsterglazialen Vergletscherung des Gebiets und danach.

Für den Raum Profen läßt sich der Kohleaufstieg stratigraphisch folgendermaßen fassen (Abb. 4):

1. Ein (sehr) kleiner Teil der Diapire stieg vor Ablagerung der zwischen der Holsteinwarmzeit und der Saaleeisbedeckung entstandenen frühsaaleglazialen Hauptterrasse der Weißen Elster auf. Sie sind an der Schotterbasis glatt abgeschnitten, die Schotter über den Strukturen zeigen keinerlei Störungserscheinungen (Abb. 9, rechts):

„Prä-hauptterrassenzeitliche", vermutlich spätelsterglaziale Strukturen.

2. Strukturen erweisen sich durch Aufwölbung der unteren Kiesschichten der Hauptterrasse und (gelegentlich messerscharfe) Kappung innerhalb der Terrasse als hauptterrassensynchron: Gekappte frühsaaleglaziale Strukturen (Abb. 8).

3. Überdurchschnittliche Hauptterrassenschotterakkumulation und Sedimentation von Schluffen und Tonen in den Randsenken der Diapire (mittlere Hauptterrassenmächtigkeit 5 bis 10 m, in den Randsenken bis 20 m; im Geiseltal bis 30 m). Mächtigkeit der Schotter im Topbereich der Diapire ist reduziert, die hangenden Schichten aus Böhlen-Lochauer Bänderton und Saalegrundmoräne sind nicht aufgewölbt:

Nicht gekappte, vor Bildung des Böhlen-Lochauer Bändertons entstandene frühsaaleglaziale Strukturen.

4. Diapire durchstoßen die Hauptterrasse und — soweit noch erhalten — hangende Saalegrundmoräne und wölben die überlagernden, nach der Saaleeisbedeckung im Sinne der Zeitzer Phase und vor der Eemwarmzeit entstandenen Solifluktionsmassen auf: „spät"saaleglaziale Strukturen (Abb. 12).

5. Strukturen durchbrechen den spätsaaleglazialen Fließerdekomplex, den eemzeitlichen und einen weichselglazialen Boden-

Abb. 6. Weichselglazialer Braunkohlediapir (wie Abb. 5)

1 — weichselglazialer Lößkomplex; 2, 3 — Fließerde-Löß-Komplex und Grundmoräne der Saaleeiszeit; 4 — Hauptterrasse; 5 — mitteloligozäner Glaukonitsand; 6 — Obere und Untere Bank des Böhlener Oberflözes; 7 — gebändertes Thüringisches Hauptflöz; R — Randsenke des Diapirs

horizont und bleiben in älterem Weichsellöß stecken: *weichselglaziale Strukturen.*

Wie die Übersicht zeigt, erfolgte der Kohleaufstieg also in mehreren Phasen. Am aktivsten waren die Bewegungen offenbar während der Frühglaziale bis frühen Hochglaziale. Es konnten gelegentlich auch mehrphasige Bewegungen in ein und derselben Struktur beobachtet werden, was sich mit den Beobachtungen WEIGELTS (1928) im Geiseltal deckt.

Da besonders im subrosionsgestörten Profener Tertiär die (allzeit grundwassererfüllten) Flöze schon seit dem Oligozän Belastungen sehr unterschiedlicher Stärke ausgesetzt waren, ohne daß es im Tertiär zu ähnlichen Erscheinungen gekommen ist, und die während des Quartärs bestehenden sedimentbedingten Belastungsdifferenzen von 1 bis maximal 3 kp/cm² kaum ausgereicht haben dürften, die normal durchfeuchtete Kohle (50 bis 60% Wassergehalt) zu diapirischen Ausgleichsbewegungen zu veranlassen, kommen als Ursache nur Prozesse in Betracht, die mit *Gefrier- und Auftauvorgängen* in Zusammenhang stehen.

Wir nehmen an, daß bei jedem längeren Temperaturrückgang im Sinne einer Kaltzeit oder eines Stadiums der Frost in der stark wasserhaltigen Braunkohle nicht nur zur Bildung von Poreneis, sondern auch eines dichten Gewebes feiner segregativer Eisäderchen und -bänder und mächtiger linsen- und gangartiger Massiveiskörper geführt hat. Es ist bei den spezifischen physikalischen Eigenschaften des Eises (SCHENK 1964b) einerseits und der örtlich hohen Permeabilität der Braunkohle andererseits wahrscheinlich eine erhebliche Menge Wasser von anderen Stellen und aus Nachbarschichten angesaugt worden. Zunächst dürfte es vielerorts zu Aufwölbungen nach Art der Torfhügel oder Palsen gekommen sein; und man wird sich regional die Hauptterrassenniederung wie eine Torf-

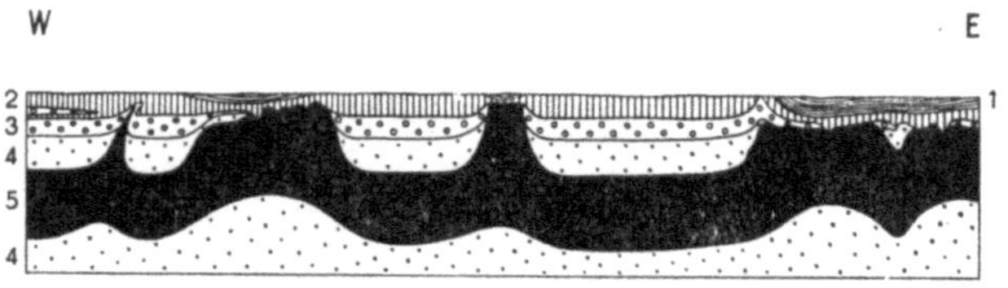

Abb. 7. Schematisches Profil aus dem Raum Regis-Breitingen nach GRAHMANN (1934, S. 18)

Etwa dreifach überhöht; Profilhöhe rund 35 m
1 — spät- und postglaziale See- und Torfbildungen; 2 — saaleglazialer Beckenton und Sand; 3 — saaleglaziale Flußschotter; 4 — obereozäne Sande; 5 — Bornaer Hauptflöz

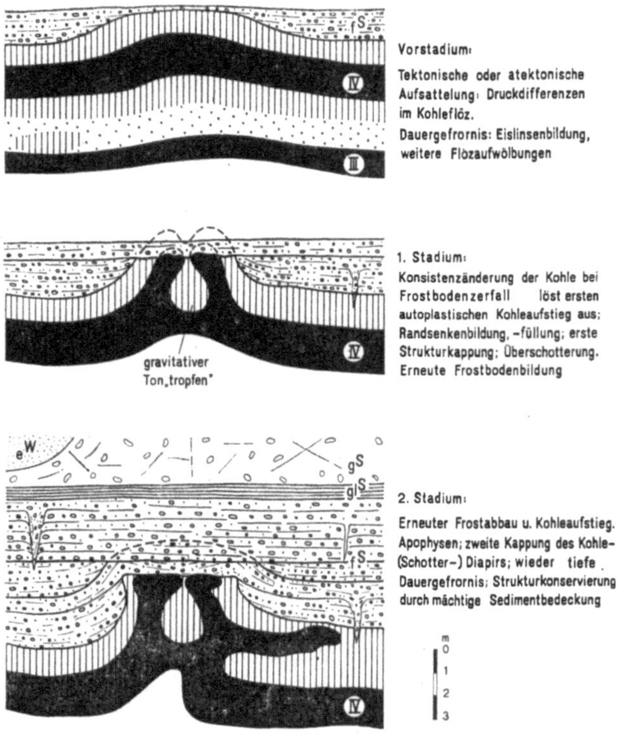

Abb. 8. Entwicklungsschema eines zweiphasig aufgestiegenen frühsaaleeiszeitlichen (hauptterrassensynchronen) Braunkohlediapirs im Tagebau Profen

(ergänzt nach EISSMANN 1975, S. 131)
e^W — weichselglazialer Lößkomplex; g^s — 1. Saalegrundmoräne; gl^s — Böhlen-Lochauer Bänderton; f^s — Hauptterrasse; VI — Böhlener Oberflöz; III — Thüringisches Hauptflöz (in reduzierter Mächtigkeit dargestellt)

Zeitschrift für angewandte Geologie, Bd. 24 (1978), Heft 3

Abb. 9. Frühsaaleglazialer und prä-hauptterrassenzeitlicher Braunkohlediapir

wie Abb. 8, die hangenden Schichten sind überbaggert
T – plastischer Ton

Abb. 10. Braunkohlediapir mit Apophysen. Spätsaaleglazialer Eiskeil

1 – weichselglazialer Lößkomplex; 2 – spätsaaleglazialer Fließerde-Löß-Komplex; 3 – Hauptterrasse

hügeltundra vorzustellen haben, in der freilich viele Buckel noch im Aufwölbungsstadium Zug um Zug vom Fluß wieder abgetragen worden sind. Beim Übergang in ein wärmeres Klima brach der Dauerfrostboden unter Bildung eines Langzeit-Mollisols allmählich wieder zusammen. Solange in der Tiefe noch Frostboden erhalten war und an thermisch ungünstigen Stellen möglicherweise auch pfeiler- und mauerartig aufragte, stagnierte die Entwässerung des Mollisols.

Bei den unruhigen Lagerungsverhältnissen spielten naturgemäß auch Schichten geringer Permeabilität eine Rolle (Tone zwischen und unter den Flözen). Nicht zuletzt durch das vorausgegangene (schon von Etzold und anderen älteren Braunkohlengeologen erkannte) zumindest stellenweise Zerfrieren der Kohle und Sackungen im Bereich ausgetauten Massiveises führte die nun eintretende Wasserübersättigung zu einer gravierenden Konsistenzänderung bis zum weichen und breiartigen, lokal auch quasiflüssigen Zustand. Bei dieser bodenmechanisch gesehen ganz starken Verminderung der Scherfestigkeit (Abbau der Kohäsion) und des Winkels der inneren Reibung reichten die relativ geringen Belastungsunterschiede bzw. Druckgefälle aus, den diapirischen Aufstieg in Gang zu bringen.

Aus der Sicht der Bodenmechanik handelt es sich um Grundbrüche, vom Gesichtspunkt der Salztektonik um schwerkraftbedingte, autoplastische Ekzembildung, wie überhaupt Antriebsmechanismus (Druckgefälle) und Bewegungsablauf (flache Kohleanschwellung, erste Randsenkenbildung, Druckgefälleerhöhung, diapirischer Aufstieg und Randsenkenbildung) in starkem Maße an halokinetische Vorgänge erinnern (Lachmann, Trusheim). Die verschiedenen Konsistenzstufen, die nacheinander durchlaufen worden sind oder nebeneinander existiert haben, veranschaulicht am deutlichsten das Kohlegefüge. Der weiche Zustand spiegelt sich in gedehnten oder verdickten (Stau), weit und engspannig verbogenen oder geknickten (Abb. 6) Kohlebänken wider. Im Gegensatz zu der bei breiiger bis quasiflüssiger Konsistenz geflossenen Kohle, die als eine dichte bis feinkörnige (mulmige) Kohlemasse mit unregelmäßig verteilten millimeter- bis dezimetergroßen eckigen Kohlestücken in Erscheinung tritt (brekziöse Kohle), ist bei jener die Nachbarschaft ursprünglich sich berührender Teilchen im ganzen noch gewahrt.

Zu der geflossenen brekziösen Kohle noch ein Wort. Sie tritt nicht nur im Diapir selbst, sondern dutzende Meter davon entfernt auch in der söhligen Kohle auf. Zum Teil ist die Kohle des ganzen Flözes geflossen, vielfach aber nur einige Meter davon. Die Grenze zwischen der brekziösen und autochthonen Kohle ist in der Regel scharf und verläuft in einer welligen, zum Teil auch tischebenen Fläche diskordant durch das Flöz. Wir vermuten in dieser Grenze die Oberfläche des Frostbodens in der Zeit des jeweiligen Aufstiegs.

Für einen hohen Mobilitätsgrad sprechen schließlich auch die weit ins Nebengestein vordringenden schmalen Apophysen der Diapire und zahlreiche Kiestropfen, -walzen

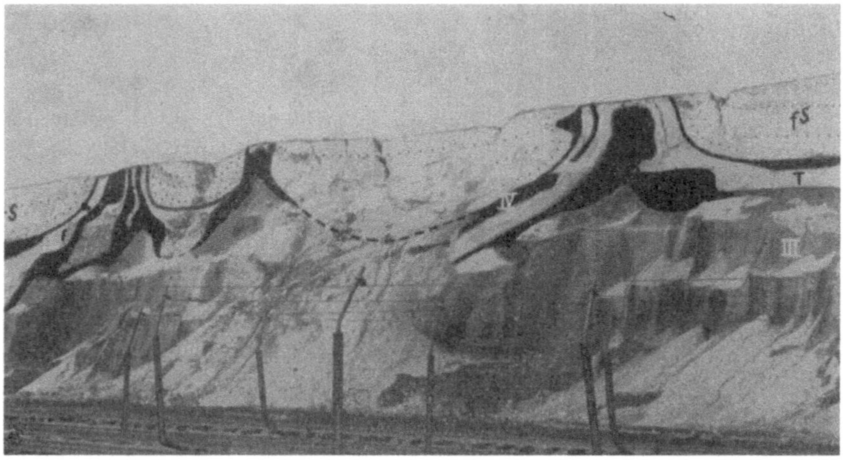

Abb. 11. Beispiel schwarmweisen Auftretens der Braunkohlediapire wahrscheinlich saaleglazialen Alters
(Symbole wie Abb. 8 und 9)

Abb. 12. Schmaler, mauerartiger, nach Abtragung der Saalegrundmoräne entstandener Braunkohlediapir wahrscheinlich spätsaaleglazialen Alters
1 — weichselglazialer Lößkomplex; 2 — spätsaaleglaziale Fließerde; 3 — Hauptterrasse; IV — Böhlener Oberflöz; Z — aufgeschleppte Schluffbank in der Hauptterrasse

und -schnüre, gelegentlich auch ideal tropfenförmige Tonkörper mit langen Bewegungsschweifen (Abb. 8, Eissmann 1975, Tafel XV). Diese rein gravitativen Kies- und Ton-„tropfen", ein Analogon zu den „Tröpfchen" der bekannten Tropfenböden (Abb. 2), sind stellenweise bis zur Flözbasis abgesunken. Sie sind nicht mit Kies- und Tonkörpern zu verwechseln, die beim Aufquellen der Kohle dynamisch ins Flöz aufgenommen worden sind.
Hier seien noch zwei Möglichkeiten genannt, die beim Aufsteigen der Kohle auch eine Rolle gespielt haben könnten. Bei der isolierenden Wirkung des Eises und unter seinem Druck taut auch unter dem Gletscher der Frostboden auf. Namentlich im Toteisstadium der Gletscher mag es daher unter breiten Spalten nach Art der Aufpressungsoser tatsächlich zu lokalem Kohleaufstieg gekommen sein. Hierher gehören vielleicht einige der wenigen Fälle, in denen Kohle beobachtet wurde, die gerade noch in die Grundmoräne spießt. Beim Kohleaufstieg kann schließlich auch der Frost selbst im Spiele gewesen sein. Durch erneutes starkes Gefrieren an der Bodenoberfläche und ein durch Kälteüberschuß in der Tiefe veranlaßtes Hochwachsen des Dauerfrostbodens gerät der Mollisol unter Druck, der ihn (eruptionsartig) hochtreiben kann. Auch dafür gibt es in rezenten Dauerfrostgebieten Beispiele. In zwischen Frostfronten eingeklemmten Grundwasserleitern wurden hydrostatische Drücke von mehr als 50 kp/cm^2 gemessen. Frostrisse, die in Form von Eiskeilpseudomorphosen mehrfach über Kohlediapiren beobachtet worden sind (Abb. 5, 10), könnten den Aufstieg vorgezeichnet bzw. begünstigt haben. Ein grundsätzlicher kausaler Zusammenhang zwischen Frostspalten oder Frostspaltensystemen und Kohleaufstieg besteht allem Anschein nach jedoch nicht.

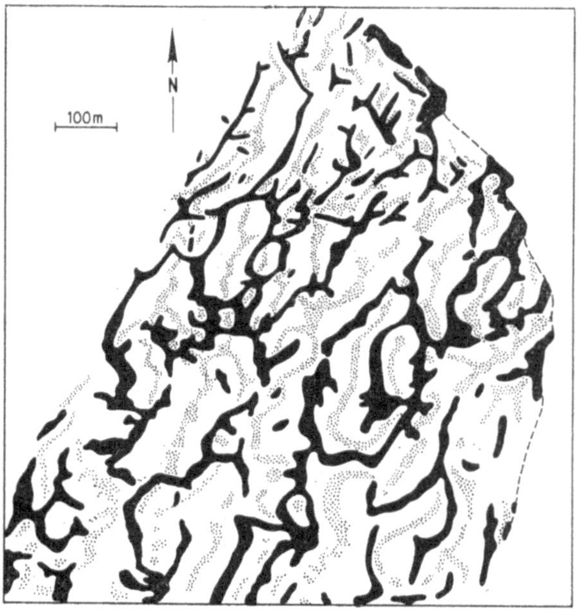

Abb. 13. Grundriß der Kohleaufpressungen und Kiesmulden im Tagebau Profen-Sachsenfeld (nach Wagenbreth 1960)

Systematisch gesehen, ist der Mollisoldiapirismus eine Erscheinung der solikinetischen Prozesse, worunter wir jene Vorgänge verstehen, die ursächlich mit gravitativ bedingten Bewegungen von (meist wassergesättigten, pelitischen bis psammitischen und biogenen) Lockergesteinen verknüpft sind und die Bewegung selbst. Sie ähneln in hohem Maße halokinetischen Vorgängen. Die Untergruppe der mollisolkinetischen Prozesse umfaßt neben dem Diapirismus eine Reihe von Erscheinungen der Solifluktion, der Kryoturbation und die Tropfenbodenbildung. Unter mollisolkinetischen Erscheinungen im weiteren Sinne möchten wir Bewegungen des Mollisols und ihre Wirkungen zusammenfassen, an denen auch nicht schwerkraftbedingte Druckkräfte, insbesondere Gefrierprozesse, ursächlich beteiligt sind.

Wie bereits kurz erwähnt, sind neben einer auf die jeweilige Landoberfläche bezogenen relativ geringen Tiefe der Flöze von im allgemeinen nicht mehr als 20 m unruhige Lagerungsverhältnisse, also ein Wechsel in der Auflast, für den Kohleaufstieg die wichtigste Voraussetzung. Daher konzentrieren sich in der Leipziger Tieflandsbucht die Aufpressungen auf den Rand der Kohleverbreitung, wo der sich durchpausende ältere Untergrund die Quelle unruhiger Lagerungsverhältnisse ist, und auf die subrosiv bis an die Quartärbasis stark gestörten Gebiete. Die Diapire zeichnen hier oft in erstaunlicher Präzision den Verlauf der Flözhochlagen („Sättel") zwischen den subrosiven Senken nach. Modellartiges Beispiel ist die unseres Wissens längste und vielleicht auch höchste bisher nördlich von Zeitz erschlossene Struktur, der sogenannte Floßgrabenlochdiapir (Abb. 5, 6).

Er folgte auf über 500 m Länge ohne Unterbrechung dem Südrand des Floßgrabenlochs und lag damit nicht nur in einer scharnierartigen Schwächezone des Lockergebirges, sondern auch im Bereich starker Belastungsunterschiede der Flöze. Dazu kam die absolut hohe Lage bzw. geringe Tiefe der Braunkohle am Rand der Senke, so daß sich der Druck auch ausgleichen konnte.

Nachdem die Braunkohlediapire als Erscheinungen ehemaligen Dauerfrosts und seines Zerfalls erkannt worden sind, lassen sie sich nun umgekehrt als wichtige Klima- und klimastratigraphische Indikatoren verwenden.

Für das Saalefrühglazial bezeugen die hauptterrassensynchronen Kohlebewegungen Frosttiefen von mindestens 30 m und eine zweimalige Klimamilderung von vielleicht interstadialem Charakter: „Profener Erwärmungsphasen". Mindestens eine solche Phase ist auch durch ein horizontbeständiges, massenweises Austauen von Eiskeilen in der Hauptterrasse angezeigt (Saalehauptterrasse bei Lochau, Abb. 2; Weiß-Elster-Hauptterrasse bei Schönau; Muldehauptterrasse im Tagebau Holzweißig, s. EISSMANN 1975, Tafel XIII).

Anhand der von WEIGELT (1928, 1929) aus dem Geiseltal beschriebenen postumen Absenkungs- und Aufstiegsbewegungen der Kohle nach der Saaleeisbedeckung bis zu Beginn der Eemwarmzeit kann für das Saalehochglazial eine Frosttiefe von mindestens 40 m angenommen werden. Der tiefgründige Frostbodenzusammenbruch im „Spät"saaleglazial,[2]) worunter wir hier für das Profener Gebiet (ausnahmsweise) den gesamten Zeitraum nach der Zeitzer Phase der Saaleeiszeit zusammenfassen, könnte mit einer kurzfristigen Klimabesserung zwischen dieser und der Leipziger Phase in Zusammenhang stehen, jedoch auch bereits mit dem allgemeinen Klimaumschwung an der Wende zur Eemwarmzeit, die unmittelbar auf die Leipziger Phase der Saaleeiszeit folgt (EISSMANN 1975).

Im Weichselfrüh- bis frühen Weichselhochglazial erreichte der Bodenfrost anhand sicherer Befunde nördlich von Zeitz eine Tiefe von mindestens 28 m, nach den Beobachtungen WEIGELTs im Geiseltal, nach denen von postumen Bewegungen der Kohle auch eemzeitliche Sedimente erfaßt wurden, von über 50 m.

Wir halten diesen Wert für real und vermuten für das Weichselhochglazial eine noch weit höhere Frosttiefe. Nach der Aufwehung eines steppenbodenüberprägten, sehr geringmächtigen Lößes trat eine Klimabesserung ein, in der der Dauerfrostboden bis in große Tiefe wieder zerfiel.

Dieser Befund deckt sich mit vielen anderen Beobachtungen, so BRÜNINGS (1959) in der Magdeburger Börde, MANIAS (1967 u. a.) im nördlichen Harzvorland, CEPEKs (1965) im Lausitzer Urstromtal und eigenen in der Niederterrasse der westsächsischen Flüsse, nach denen es im fraglichen Zeitraum zu periodischen Ausschmelzungen von Eiskeilen gekommen ist. Schließlich ergeben sich bemerkenswerte Konvergenzen zu überregionalen Befunden, nach denen sich die Früh- und Spätglaziale als Zeiträume erheblicher Klimaschwankungen und, damit zusammenhängend, hoher Kryodynamik (starke Kryoturbation und Solifluktion, zahlreiche Eiskeile) und die Hochglaziale als relativ monotone, trockene, „froststarrende" Abschnitte mit reduzierter kryogener Aktivität (wenige, aber tiefe Eiskeile) erweisen, wie das zuletzt VELIČKO (1975) für das Weichselglazial gezeigt hat.

Die Braunkohle ist regional somit ein Medium, dessen schwerkraftbedingte, autoplastische, vielfach halokinetischen Vorgängen analoge Bewegungen wesentliche Züge des Klimagangs seit der Elstereiszeit in faszinierender Weise widerspiegeln.

Für Hinweise und Beratungen danke ich meinen Kollegen, den Herren Dr.-Ing. sc. M. WÜNSCHE, Freiberg, Dipl.-Geol. R. MÜHLMANN, Dipl.-Geol. A. MÜLLER, Geol.-Ing. R. GROSSE und besonders Dipl.-Geol. D. LAUER, Leipzig, dem als erstem der Nachweis auch weichselglazialen Kohleaufstiegs gelang.

Zusammmenfassung

Die in der Leipziger Tieflandsbucht auftretenden diapirischen Braunkohleaufpressungen sind ein Zeugnis für den Zusammenbruch mächtigen pleistozänen Dauerfrosts in Mitteleuropa. Das Wasser des während der Frostbodenbildung in der Braunkohle entstandenen Segregationseises führte in der Zeit der Frostbodendegradation zu Konsistenzänderungen. Infolge lagerungs- und sedimentbedingten unterschiedlichen Belastungsdrucks stieg der Kohlemollisol diapirisch auf. Maxima des Kohlediapirismus lagen in der frühen und späten Saaleeiszeit und der frühen Weichseleiszeit. Aus dem Kohleaufstieg sind für die genannten Zeiträume zumindest kurze Erwärmungsphasen zu postulieren. Es wird eine Gliederung des Quartärs der DDR mit der Einschätzung periglaziärer Prozesse vorgelegt.

Резюме

Встречаемые в Лейпцигской низменности диапировые надавливания бурого угля являются свидейтельством для конца мощной плейстоценовой вечной мерзлоты в Средней Европе. Вода, образовавшаяся во время образования мерзлой почвы в буром угле из секретационного льда, вела во время деградации мерзлой почвы к изменению состава. Зависящего от залегания и отложения различного давления нагрузки угольный моллисоль поднимался диапирически. Максимумы угольного диапиризма находились в раннем и

[2]) Unter dem Spätsaaleglazial ist normalerweise der Zeitraum nach der Leipziger Phase im Sinne der Abb. 1 zu verstehen. Mangels Moränen ist diese Phase im Profener Raum nicht genau zu fassen. Der hier ausgewiesene „spätsaaleglaziale Fließerden-Löß-Komplex" (siehe vor allem die Abbildungen) umfaßt wahrscheinlich die Zeit vom Eiszerfall der Zeitzer Phase (etwa 1. Saalegrundmoräne in der Leipziger Bucht) bis zu Beginn der Eemwarmzeit.

позднем заальском оледенении и в раннем вислинском вледенении. Предпосылается для подъемя угля для назоанных промешутков времени краткие фазы обогревания. Предлагается расчленение четвертичного для ГДР учетом межледниковых процессов.

Summary

Diapiric upturnings of lignite in the lowland bay of Leipzig give evidence of the breakdown of the thick Pleistocene eternal frost in Central Europe. During the degradation of frozen ground the water of segregated ice formed in lignite during the formation of frozen ground led to consistency changes. Owing to a different overburden pressure conditioned by bedding and sediment the coal mollisol ascended diapirically, with coal-diapirism maxima in the early and late Saalian glaciation and the early Weichselian glaciation. From the ascent of coal at least brief heating phases must be postulated for these periods. A division of the Quaternary of the G.D.R. is presented together with an estimate of periglacial processes.

Literatur

Black, R. F.: Permafrost – A review. – Geol. Soc. Amer. Bull., 65, 839–856, Boulder 1954.
Brüning, H.: Periglazial-Erscheinungen und Landschaftsgenese im Bereich des mittleren Elbetals bei Magdeburg. – Göttinger geograph. Abh., 23, Göttingen 1959.
Cepek, A. G.: Quartär. In: Grundriß der Geologie der DDR, 1, Berlin 1968.
– Geologische Ergebnisse der ersten Radiokarbondatierungen von Interstadialen im Lausitzer Urstromtal. – Geologie, 14, 5/6, 625–657, Berlin 1965.
Czudek, T.; Demek, J.: Die Reliefentwicklung während der Dauerfrostdegradation. – Rozpr. Československ. Akad. Věd, 83, 2, 69 S., Praha 1973.
Dylik, J.; Maarleveld, G. C.: Frost cracks, frost fissures and related polygons. – Meded. geol. Stichting, N.S., 18, 7–21, Maastricht 1967.
Eissmann, L.: Das Quartär der Leipziger Tieflandsbucht und angrenzender Gebiete um Saale und Elbe. – Schriftenr. geol. Wiss., 2, 228 S., Berlin 1975.
– Dauerfrostmerkmale aus fünf Kaltzeiten des Quartärs. Vortrag Tagung geol. Gesellsch. DDR, Sektion Quartär, Bautzen 1976. – Abh. u. Ber. naturkd. Mus. „Mauritianum" Altenburg, Altenburg 1979.
Etzold, F.: Die Braunkohlenformation Nordwestsachsens. – Erläuter. geol. Spezialkarte Kgr. Sachsen, 264 S., Leipzig 1912.
Frenzel, B.: Die Klimaschwankungen des Eiszeitalters. – Die Wissenschaft, 129, 291 S., Braunschweig 1967.
Grahmann, R.: Spät- und postglaziale Süßwasserablagerungen in Regis-Breitingen und die Entwicklung der Urlandschaft in Westsachsen. – Mitt. Osterlande, N. F., 22, 14–44, Altenburg 1934.
Kaiser, K.-H.: Wirkungen des pleistozänen Bodenfrostes in den Sedimenten der Niederrheinischen Bucht. – Eiszeitalter und Gegenwart, 9, 110–129, Öhringen 1958.
– Das Klima Europas im quartären Eiszeitalter. In: Frühe Menschheit und Umwelt. – T. 2, 1–27, Köln/Graz 1967.
Maarleveld, G. C.: Frost mounds. – Meded. geol. Stichting, N.S., 17, Maastricht 1965.
Makowska, A.: Diapir forms in varved clays at Baniocha near Warsaw. In: Prace o Plejstocenie Polski Srodkowej, P. A. N. Komitet Geologiczny, 159–179, Warszawa 1961.
Mania, D.: Das Jungquartär aus dem ehemaligen Aschersleben See im Nordharzvorland. – Petermanns geogr. Mitt., 111, 4, 257–275, Gotha 1967.
Mojski, J. E.: Periglacial deposits and structures in the stratigraphy of the Quaternary of Poland. – Instytut Geologiczny, Prace, 34, 675–696, Warszawa 1961.
Müller, F.: Beobachtungen über Pingos. – Medd. Grønland, 153, 3, København 1959.
Pécsi, M.: Die periglazialen Erscheinungen in Ungarn. – Petermanns geogr. Mitt., 107, 3, 161–182, Gotha 1963.
Péwé, L.: Ice Wedge Casts and Past Permafrost Distribution in North America. – Geoforum, 15, 15–26, Braunschweig 1973.
Romanowskij, N. N.: Regularities in formation of frost-fissures and development of frost-fissure polygons. – Biul. peryglacjalny, 23, 237–277, Łódź 1973.
Schenk, E.: Das Quartärprofil in den Braunkohletagebauen bei Berstadt und Weckesheim (Wetterau). – Notizbl. hess. Landesamt Bodenforsch., 92, 270–274, Wiesbaden 1964 (1964 a).
– Entwicklung und Zusammenbruch der Strukturen des Dauerfrostbodens. – Rep. 6th intern. Congr. on Quaternary Warsaw 1961, 4, 155–163, Łódź 1964 (1964 b).
Scholz, E.: Der durch kryogenetische Prozesse und Thermokarstvorgänge geschaffene Formenschatz. – Geogr. Ber., 54, 1, 22–41, Berlin 1970.
Veličko, A. A.: Paragenesis of a cryogenic (periglacial) zone. – Biul. peryglacjalny, 24, 89–110, Łódź 1975.
Wagenbreth, O.: Quartärgeologische Beobachtungen im Gebiet des Tagebaues Profen bei Zeitz. – Freiberger Forsch.-H., C, 21, 40–92, Berlin 1955.
– Neue quartärgeologische Beobachtungen im Tagebau Profen bei Zeitz. – Freiberger Forsch.-H., C, 80, 25–57, Berlin 1960.
Weigelt, H.: Die Kohlenaufpressungen in den Geiseltal-Gruben „Leonhardt", „Pfännerhall" und „Rheinland". – Jb. hall. Verb., N. F., 7, 68–97, Halle 1928; do., 8, 75–78, Halle 1929.
Woldstedt, P.; Duphorn, K.: Norddeutschland und angrenzende Gebiete im Eiszeitalter. – 500 S., Stuttgart 1974.

Ein vorläufiges Programm für die Untersuchung von Brunnen mit geophysikalischen Bohrlochmeßverfahren

Lux, K.-N., Gotha

1. Einleitung

In Brunnen, die sich über längere Zeit hinweg in Betrieb befinden, treten alterungsbedingte Schäden auf. Die Folge ist ein Rückgang der Leistungsfähigkeit im Nutzungszeitraum. Dieser Leistungsminderung entgegenzuwirken, gibt es prinzipiell zwei Wege, Bau neuer Brunnen und Regenerierung von Altbrunnen.
Aus ökonomischen Gründen wird man wohl immer dann, wenn es noch sinnvoll erscheint, auf die zweite Möglichkeit orientieren. Die Bemühungen reichen dabei von herkömmlichen Sanierungsmethoden bis zu solchen modernen Verfahren wie der radioaktiven Bestrahlung der Filterstrecken. Sowohl die wirksame Bekämpfung von Brunnenschäden als auch die Entscheidung über Brunnenbauten sind aber erst dann möglich und gezielt durchführbar, wenn der Zustand der betreffenden Altbrunnen im Detail bekannt ist und damit Ausmaß und Art der Schäden erkannt sind.
Andererseits können aber auch Brunnenneubauten bereits schadhaft sein. Gleiches gilt für Brunnen, bei denen zwischen Fertigstellung und Inbetriebnahme eine längere Zeitspanne verstrichen ist. In allen Fällen sind Ortung und Beschreibung der Schäden unerläßlich.
Detaillierte Aussagen über Brunnenschäden liefernde Hilfsmittel sind die Meß- und Interpretationsmethoden der geophysikalischen Bohrlochmessung. In diesem Beitrag sollen einige grundlegende Ausführungen über die Aussagemöglichkeiten der Bohrlochgeophysik beim Einsatz ihrer Meßverfahren in Brunnen gemacht und diesbezüglich erste Erfahrungen, belegt durch interpretierte Meßergebnisse, dargelegt werden.

Eingang des Manuskripts in der Redaktion: 11. 7. 1977.
Mitteilung aus dem Bereich Bohrlochmessung des VEB Geophysik.

2. Aufgaben für die bohrlochgeophysikalische Brunnenuntersuchung

Aus der Sicht des Geophysikers lassen sich nach den bisherigen Erfahrungen die vor der geophysikalischen Bohrlochmessung bei der Untersuchung von Brunnen stehenden Aufgaben sehr präzis formulieren:

1) Ursachenerkundung der unbefriedigenden Ergiebigkeit alter Brunnen,

2) Überprüfung der in den Dauerbetrieb zu nehmenden Brunnenneubauten,

3) Leistung eines Beitrags zur Präzisierung von Brunnendokumentationen.

Zu 1) und 2) gehören dabei die Beurteilung der Filterqualität (Unterscheidung zwischen kolmatiertem und freiem Filter), die Festlegung der aktiven (produzierenden) Filterbereiche und die Abschätzung ihres Abgabe- bzw. Schluckvermögens sowie die Untersuchung der Vollrohrstrecken auf ihren Zustand, z. B. Ortung von Leckstellen. Hinzu kommt noch, daß jeweils der Versuch unternommen werden muß, Aussagen zur „sekundären Lithologie", d. h., zur Beschaffenheit der Filterrohrhinterfüllung, zu treffen. Der Vergleich mit der „primären Lithologie", also mit dem das durchteufte Gebirge charakterisierende Meßverfahren, ist dazu unerläßlich.

Unter 3) muß vor allem die Kontrolle des Ausbaus, die Trennung von Voll- und Filterrohrintervallen und die Untersuchung der Hinterfüllung des Gesamtausbaus verstanden werden. Darüber hinaus wird natürlich die tatsächliche Endteufe des Brunnens und damit die Höhe des Nachfalls auf der Brunnensohle bestimmt. In der Praxis erfolgt eine derartige Trennung der Aussagen erst im Ergebnis der Berichterstattung. In der Interpretationsetappe selbst überschneiden und bedingen sie einander, da jedes Meßverfahren für sich eine Teilaussage enthält, die erst durch Korrelation aller im Meßprogramm enthaltenen Methoden die gemäß der Aufgabe teilbare Gesamtaussage ergeben. Mit anderen Worten: das im folgenden beschriebene Meßprogramm wird nur dann den oben genannten Aufgaben gerecht, wenn es vollinhaltlich erfüllt und durch entsprechende Interpretationsmethoden hinsichtlich seiner Aussagemöglichkeiten ausgeschöpft wird.

3. Meßprogramm und Meßdurchführung

Praktische Überlegungen und die bei bisherigen Brunnenuntersuchungen gemachten Erfahrungen lassen vorläufig folgendes Grundmeßprogramm sinnvoll und optimale Aussagen versprechend erscheinen:

- Mikrokalibermessung (MKb)
  Registriermaßstab: 1:2
  Meßstrecke: Endteufe — 0 m
  MKb-Messungen müssen belegt werden.
- Gammamessung (G)
  Registriermaßstab: 3 Gammaeinheiten (GE)/cm
  Meßstrecke: Endteufe — 0 m
  Registrierparameter: $v_m = 5$ m/min, $\tau = 3$ s
- Gamma-Gamma-Messung (GG)
  Registriermaßstab: 1000 cpm/cm (abhängig von der Quellenstärke)
  Meßstrecke: Endteufe — Brunnenwasserspiegel
  Registrierparameter: $v_m = 5$ m/min, $\tau = 6$ s
  Strahlungsquelle: 60 Co
- Kontinuierliche Flowmetermessungen (FMk)
  Registriermaßstab: 200 cpm/cm (100 cpm/cm)
  Meßstrecke: Wasserspiegel — Endteufe
  Registrierparameter: $\tau = 6$, v_m muß operativ festgelegt werden.
  Messungen bei kontinuierlicher Meßfahrt der Sonde sowohl auf- als auch abwärts, wobei die Meßeinrichtung mit einer der lichten Brunnenweite angepaßten Manschette abgepackert wird; es erfolgt währenddessen keine Provokation zusätzlicher Wasserbewegungen im Brunnen. Die Messungen werden durch je eine Meßfahrt mit identischen Parametern belegt.
- Flowmeterpunktmessungen (FMp)
  Registriermaßstab: 200 cpm/cm (100 cpm/cm)
  Meßstrecke: Wasserspiegel — Endteufe
  Registrierparameter: $v_m = 0$ m/min, $\tau = 6$ s
  Punktmessungen bei Stillstand der Sonde in äquidistanten, operativ festzulegenden Abständen bei künstlicher Anregung der Wasserbewegung im Brunnen. Die Sonde wird dabei durch eine Manschette abgepackert; es erfolgen Wiederholungsmessungen für jeden Meßpunkt.
- Resistivimetrie (R_m)
  Registriermaßstab: 1 Ωm/cm
  Meßstrecke: Wasserspiegel — Endteufe
  Die Meßdurchführung erfolgt entsprechend der Technologie für „Zufluß- oder Verlustmessungen" — Messung des spezifischen elektrischen Spülungswiderstands im unbeeinflußten Brunnenzustand R_{mo}, künstliche Erniedrigung von R_m durch Salzzugabe und Messung von R_{ms}, Beobachtung der zeitlichen Änderung von R_m während Wasserentnahme bzw. Süßwasserzugabe durch aufeinanderfolgende Registrierungen von $n \cdot R_{mi}$.
- Temperaturmessungen (T)
  Registriermaßstab: 0,5°C/cm
  Meßstrecke: Wasserspiegel — Endteufe
  Durchführung einer Messung T_A im ungestörten Brunnen und einer Messung T_E nach Beendigung aller Manipulationen im Brunnen.
  (Abkürzungen: v_m — Meßgeschwindigkeit, τ — Zeitkonstante des Integrierglieds der Meßeinrichtung, cpm — Impulse pro Min.).

Alle aufgeführten Messungen werden im Teufenmaßstab 1:200 durchgeführt.
Neben diesem Grundmeßprogramm ist zur Lösung spezieller Aufgaben der Einsatz von Zusatzverfahren möglich:

— Bohrlochabweichungsmessungen (BA);
— Tracertechnologien zur Abschätzung von Grundwasserströmungsgeschwindigkeiten;
— Widerstandsmeßverfahren mittels Sonden unterschiedlicher Sondenlänge (Eindringtiefe).

Diese Methoden sollten nur dann angewandt werden, wenn es die Klärung des Problems unbedingt erfordert, da sie (das gilt besonders für die Tracerverfahren) mit erhöhtem Aufwand verbunden sind.
Die Zeitdauer für die Durchführung dieses Meßprogramms wird nach Erfüllung der jeweiligen, zwischen Meßbetrieb und Auftraggeber abzustimmenden, organisatorischen Voraussetzungen einen Arbeitstag pro Brunnen nicht überschreiten. Angaben über die dabei dem Auftraggeber entstehenden Kosten sind zum derzeitigen Zeitpunkt noch nicht möglich, da derartige Messungen noch keinen Normativen unterliegen.

4. Aussagemöglichkeiten der einzelnen Meßverfahren

Kalibermessung

Empfindliche Kalibermessungen und besonders solche, die mit Mikrokalibermessern durchgeführt werden, liefern wichtige Aussagen über den Zustand eines Brunnens und gestatten erste Schlußfolgerungen hinsichtlich eventueller Schäden sowie über deren Ursachen. Eine solche Messung gibt Auskunft über:

— die tatsächliche Nennweite des Brunnenausbaus,
— mechanisch bedingte Schadstellen (Beulen, Lücken) der Voll- und Filterrohre,
  die Lage der Rohrmuffen bzw. Stoßfugen zwischen den einzelnen Ausbauteilen,
— den Sitz der Rohrtouren am Stoß (kleinste Verrückungsbeträge können ausgehalten werden),
— Kaliberverengungen durch Verockerung, Tonbesatz oder ähnliches, die auf die Leistungsfähigkeit des Brunnens eine ursächliche Wirkung haben können.

Hohe Empfindlichkeit der Messung ist für die Erreichung dieser Aussagen Voraussetzung. Registriermaßstab und eingesetztes Meßgerät müssen dem Rechnung tragen. Es werden demzufolge Kalibermesser mit stark verkürzten Meßfühlern eingesetzt; die Registrierung erfolgt im Maßstab 1:2.
Die Abb. 1 und 3 zeigen Beispiele für derartige Mikro-Kalibermessungen.

Radiometrische Meßverfahren

Radiometrische Messungen, insbesondere Gamma und Gamma-Gamma, können bei Brunnenuntersuchungen wichtige Anhaltspunkte über den Zustand der Filterrohre und der Filterkiesschüttung geben, da diese beiden Komponenten „sekundärer Lithologie" die Haupteinflußfaktoren für diese, auf lithologische Änderungen ansprechenden Meßverfahren darstellen. Unter sekundärer Lithologie soll im Unterschied zur Beschaffenheit des durchteuften

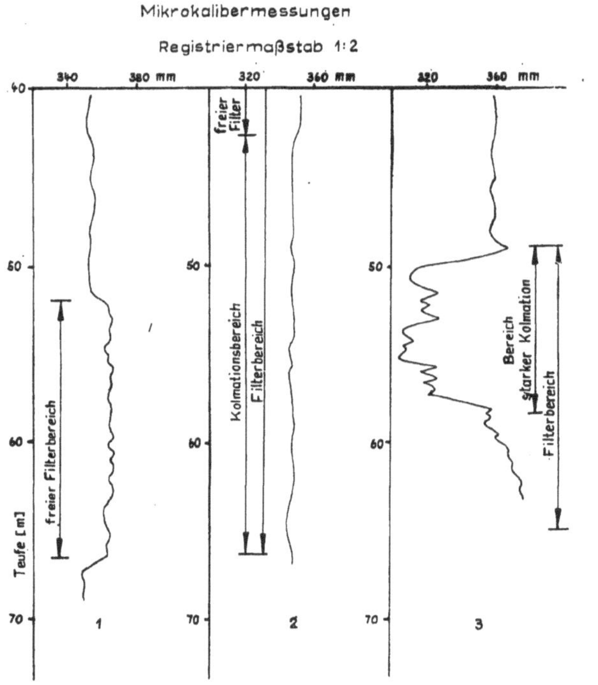

Abb. 1. Nachweis von Kolmationsbereichen in Filterrohren mittels Mikrokalibermessungen

Ausbauart: Keramikvollrohre, Kiesklebefilter
1 — keine Kolmation; 2 — schwache Kolmation; 3 — sehr starke Kolmation;
Kolmationsursache: Verockerung → Besatz an der Brunnenwand

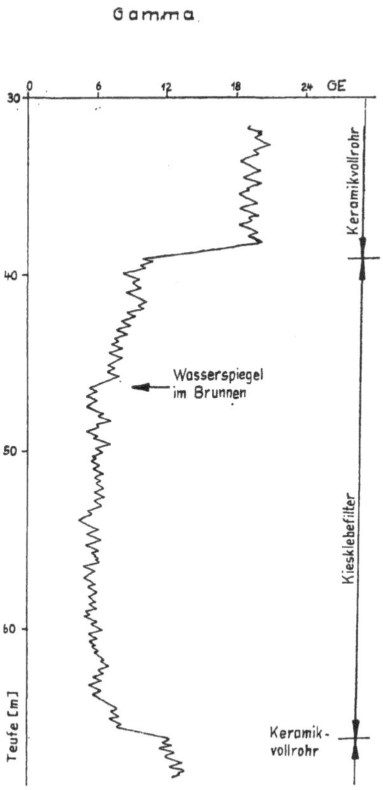

Abb. 2. Festlegung der Filterstrecke in einem Entwässerungsbrunnen der Braunkohlenindustrie mittels Gammamessung

Gebirges (der „primären Lithologie") all das verstanden werden, was auf das Verhalten der Meßindikationen der radiometrischen Verfahren im Brunnen von Einfluß und durch den Ausbau, dessen Hinterfüllung sowie den Betrieb des Brunnens verursacht ist.
Eine sichere Beurteilung der im Brunnen erhaltenen Gamma- und Gamma-Gamma-Meßergebnisse wird aber immer erst dann möglich sein, wenn man sie mit Altmessungen aus der Erkundungsphase, die nur das Gebirge charakterisieren, vergleicht und somit diesen Gebirgseinfluß eliminiert. Je größer die Differenz zwischen Bohrdurchmesser und Ausbaudurchmesser ist, desto kleiner wird die Wirkung des Gebirges auf die radiometrischen Messungen sein. So zeigte sich, daß in Festgesteinsbrunnen (Bohrdurchmesser 620 mm, Ausbau 368 mm) eine Korrelation zwischen Altmessungen im offenen Loch und Messungen im Brunnen (besonders im Filterbereich) vorhanden ist. Bei Messungen in Entwässerungsfilterbrunnen im Vorfeld von Braunkohletagebauen (Bohrdurchmesser 900 mm, Ausbau 350 mm) war dies nicht zu beobachten. Neben diesem bereits erkannten Effekt wird es sicher noch eine ganze Reihe weiterer geben, die das Bild radiometrischer Meßkurven in Brunnen verfälschen, und die bei deren Heranziehung zur Beurteilung der Ausbauhinterfüllung berücksichtigt werden müssen. Im Komplex der anderen im Meßprogramm enthaltenen Verfahren stellen sie trotz dieses Nachteils einen wichtigen Bestandteil dar, da sie, besonders hinsichtlich der Begutachtung des technischen Brunnenzustands und der Ausbaufestlegung, wesentliche Korrelationsmöglichkeiten bieten.

Messung der natürlichen Gammastrahlungsintensität (Gamma)

Gelingt die Eliminierung des Gebirgseinflusses (große Differenz zwischen Bohr- und Ausbaudurchmesser, Ver-

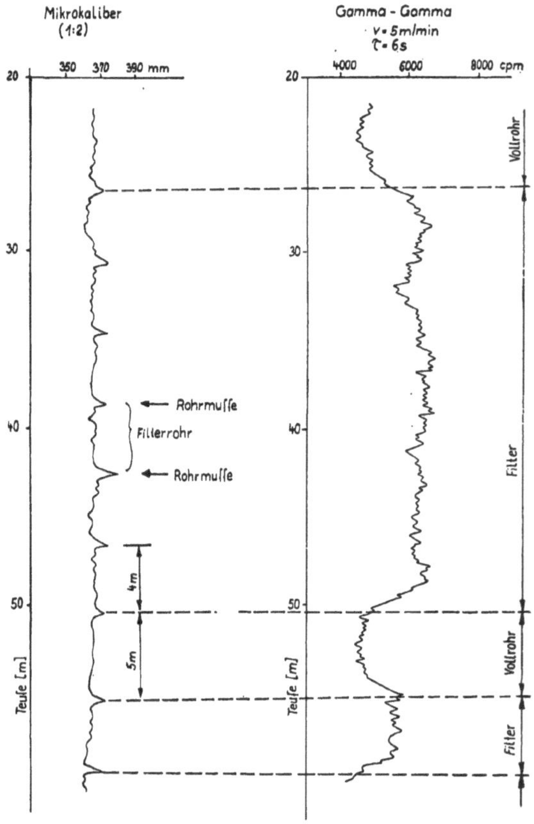

Abb. 3. Festlegung von Filterstrecken durch Korrelation zwischen Mikrokaliber- und Gamma-Gamma-Messung
Stahlausbau; Länge eines Filterrohrs — 4 m; Länge eines Vollrohrs — 5 m

gleich mit entsprechender Altmessung), dann lassen sich anhand von Gammamessungen

- der Bereich erhöhten Anteils an schluffigem und tonigem Material im Filterkies (qualitativer Rückschluß auf die Kiesdurchlässigkeit),
- durch Tonbesatz kolmatierte Intervalle der Filterrohre und
- der Sitz von Tonsperren im Hinterfüllungsmaterial

festlegen.
Bei Verwendung von Ausbaumaterialien erhöhter Gamma-Aktivität (Keramikrohre) ist die Gamma-Messung darüber hinaus ein wirkungsvolles Mittel zur Erkennung von Voll- und Filterrohren, wenn sich letztere in ihrem Strahlungspegel signifikant von den erstgenannten unterscheiden (Kiesklebefilter) (Abb. 2).

Messung der induzierten Gammastrahlungsintensität (Gamma-Gamma)

Die Meßindikationen von Gamma-Gamma-Messungen korrelieren im allgemeinen gut mit den entsprechenden Gammakurven und erhöhen somit die Nachweissicherheit für die im vorhergehenden Abschnitt aufgeführten Punkte. Hinzu kommt, daß durch die Gamma-Gamma-Messung qualitativ auf die Dichte der Kiesschüttung geschlossen werden kann.
In Verbindung mit anderen Meßverfahren (z. B. Mikrokaliber) lassen sich derartige Messungen auch zur Unterscheidung von Voll- und Filterrohrstrecken heranziehen (Abb. 3).

Flowmetermessungen

Unter Flowmetermessungen oder Flowmetric versteht man die Aufnahme der in einem Bohrloch oder Brunnen zum Zeitpunkt dieser Messungen herrschenden Strömungsverhältnisse in der Vertikalen. Die dadurch erhaltene Bohrlochmeßkurve ist von einer Reihe zufälliger und gesetzmäßiger Störeinflüsse überlagert, wobei gerade in Brunnen die richtige Interpretation der letzteren neben der der durch die produzierenden Intervalle hervorgerufenen Meßeffekte wichtige Aussagen über den Brunnenzustand liefert.

Die Flowmetrie ist ein direktes dynamisches Meßverfahren. Die Messungen erfolgen mit einem Turbinenflowmeter, das nach dem tachometrischen Prinzip des unbelasteten Flügels arbeitet. Die Konstruktion dieser Meßgeräte erlaubt nur den Nachweis und die Untersuchung vertikaler Strömungsvorgänge; horizontale Fließbewegungen sind nicht nachweisbar. Die Meßdurchführung ist sowohl bei kontinuierlicher Meßfahrt als auch bei Stillstand der Meßsonde möglich. Diese wird dabei zur Empfindlichkeitssteigerung des Meßwertgebers mit einer dem jeweiligen Brunnendurchmesser angepaßten Gummimanschette abgepackert.

Messungen bei kontinuierlicher Meßfahrt der Sonde (FMk)

Kontinuierliche Flowmetermessungen (FMk) dienen in erster Linie zur

- Unterscheidung von Voll- und Filterrohrbereichen,
- Festlegung freier und kolmatierter Intervalle innerhalb der Filterstrecken,
- Ortung von Leckstellen im Vollrohr und ausbau- bzw. schadensbedingten Strömungseffekten (z. B. Sitz von Verbindungsmuffen u. ä.)

Sicher sind diese Aussagen aber erst, wenn die Flowmetermeßindikationen mit den entsprechenden Meßwertänderungen in den Mikrokaliber-, Gamma- und Gamma-Gamma-Kurven korreliert werden können.

Die kontinuierlichen Flowmetermessungen selbst werden ohne Stimulation der aktiven Bereiche des Brunnens durch Wasserentnahme bzw. -zugabe ausgeführt. Die zur Erlangung von Meßwerten nötigen Fließbewegungen werden allein durch die Meßfahrt der abgepackerten Sonde und die damit verbundene Wasserverdrängung verursacht. Das heißt, daß die oben genannten, hier speziell durch den Brunnenausbau bedingten, Störeinflüsse als Meßgrößen angesehen und entsprechend der Aufgabe interpretiert werden. Dichte Vollrohre und mehr oder weniger stark kolmatierte Filterstrecken werden in der FMk-Meßkurve durch relative Amplitudenmaxima ausgewiesen, da der größte Teil des strömenden Fluids durch den Meßquerschnitt hindurchtritt. Freie Filterbereiche, Leckstellen im Vollrohr und Kalibererweiterungen jeder Art (z. B. Stoßfugen zwischen den Rohren) sind an Minimalamplituden in der Meßkurve zu erkennen, da dann die Meßeinrichtung weitgehend umströmt wird.

Diese Art von Ausbaufestlegung und Beurteilung der Filterqualität veranschaulichen die Abb. 4 und 5. Bei der Abb. 4 handelt es sich um eine Messung in einem Arteser, und die Meßkurve weist daher nach oben steigende Impulsraten aus. Das ist besonders deutlich beim Vergleich der in den Vollrohrbereichen auftretenden Amplituden zu erkennen.

Messungen im diskreten Punktabstand (FMp)

Die Erfahrung hat gezeigt, daß sich zur Ortung produzierender bzw. schluckender Filterintervalle und der Bestimmung ihres Anteils an der Gesamtförderrate eines Brunnens Flowmetermessungen in gewissen Meßpunkt-

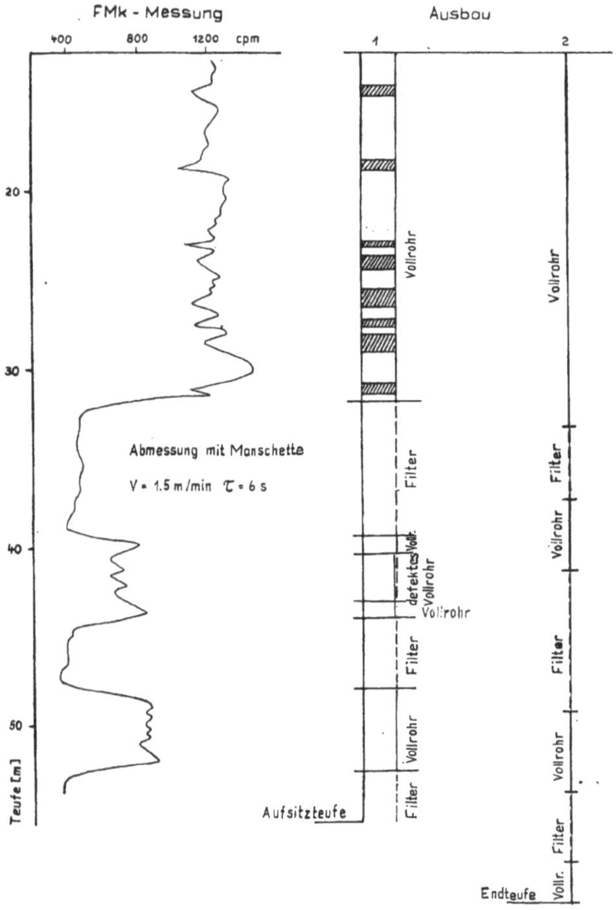

Abb. 4. Ausbauuntersuchung durch Flowmetermessungen bei kontinuierlicher Meßfahrt (FMk)

1 — Ausbau nach Bohrlochmessung; 2 — Angaben nach Brunnendokumentation; schraffiert — Schadstellen im Vollrohr

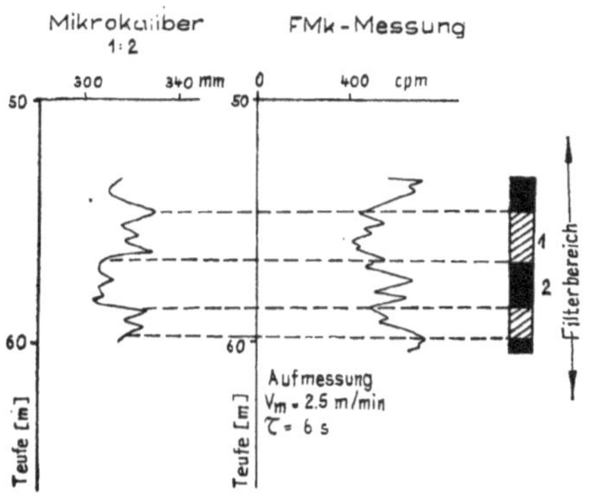

Abb. 5. Korrelation von Mikrokaliber- und kontinuierlicher Flowmetermessung (FMk) und zur Beurteilung der Filterqualität
1 – freier Filter; 2 – kolmatierter Filter

abständen bei Stillstand der Sonde während der Provokation verstärkten Zufluß- oder Schluckverhaltens des Profils durch Wasserentnahme bzw. -zugabe außerordentlich gut bewähren. Kontinuierliche Meßfahrten liefern unter den gleichen Bedingungen, im Gegensatz zu vergleichbaren Messungen in Gasfördersonden, nur unbefriedigende Ergebnisse.
Flowmeterpunktmessungen gestatten die Einengung der wirklich effektiven Brunnenintervalle auf die der Wirklichkeit sehr nahe kommenden Teufenbereiche und tragen neben den oben angeführten Aussagen auch noch zur Präzisierung der Interpretationsergebnisse der kontinuierlichen Flowmetermessungen bei (Erkennung von Überströmvorgängen, Unterscheidung realer und fiktiver Zuflüsse bzw. Verluste).

Hinsichtlich der Interpretation von kontinuierlichen Flowmetermessungen wirkt sich, besonders bei der Festlegung der Anteile diskreter Produktionsintervalle der Filter an der Gesamtfließrate, die zur Zeit noch zu geringe Empfindlichkeit des Meßwertgebers der im VEB Geophysik verfügbaren Flowmeter aus. Dieser Mangel führt dazu, daß sehr geringe Fließbewegungen im Brunnen durch Flowmetermessungen allein nicht erkannt werden können und zur vollständigen Klärung der Fließvorgänge auch noch die Resistivimetrie und Temperaturmessungen herangezogen werden müssen. Abb. 6 zeigt Beispiele für Flowmeterpunktmessungen.

Resistivimeter- und Temperaturmessungen (R_m/T)

Sollen in einem Brunnen nicht nur die Zufluß- oder Verlustbereiche relativ hoher Ergiebigkeit bzw. großen Schluckvermögens lokalisiert werden, sondern auch jene mit geringerer Beteiligung an der Gesamtströmung, dann genügen Flowmeterpunktmessungen allein dieser Anforderung nicht. Erst ein Komplex von Temperaturmessungen und solchen des spezifischen elektrischen Spülungswiderstands in Verbindung mit entsprechenden Flowmeterpunktmessungen und unter denselben Meßbedingungen wie diese verhilft zur vollständigen Erkennung der aktiven (fördernden oder schluckenden) Intervalle des Brunnens; unter Umständen lassen sich dann auch Angaben über die Strömungsrichtung in der Vertikalen machen.

Resistivimetrie (R_m)

Zeitlich aufeinanderfolgende Messungen des spezifischen elektrischen Spülungswiderstands R_m nach vorherigem Versalzen der Flüssigkeitssäule in einem Bohrloch, Brunnen oder Pegel zur Beobachtung der Bewegungen von künstlich geschaffenen Mineralisationsfronten bei Wasserentnahme oder -eingabe sind seit langem unter den Bezeichnungen Zufluß- bzw. Verlustmessungen in der Hydrogeologie bekannt. Es soll deshalb hier auch nicht näher auf die Spezifika dieses indirekt dynamischen Meßverfahrens eingegangen, sondern vielmehr auf (Lit.) verwiesen werden. Wichtig sind diese R_m-Messungen für die Erkennung und Quantifizierung sehr kleiner Zuflüsse oder Verluste und für die Korrelation mit den Flowmetermeßkurven.

Temperaturmessungen (T)

Die Möglichkeit, aus Temperaturmessungen produzierende oder schluckende Bereiche in Wasserbohrungen und in Brunnen zu erkennen ist ebenfalls bereits in (Lit.) beschrieben worden.

Messungen der Temperatur nach der unter 3. genannten Methode gestatten im allgemeinen auch noch dann den Nachweis geringer Zuflüsse und Verluste, wenn selbst R_m-Messungen versagen. Auf Grund ihrer Nützlichkeit für die Korrelation mit den anderen dynamischen Verfahren und die Komplettierung der Aussage müssen Temperaturmessungen Bestandteil eines jeden Brunnenmeßprogramms sein.

5. Zusatzmeßverfahren

Den meßtechnischen Möglichkeiten des VEB Geophysik entsprechend, ist für die Lösung spezieller Aufgaben bei Brunnenuntersuchungen, über das oben beschriebene Grundmeßprogramm hinaus, der Einsatz verschiedener Zusatzmeßverfahren möglich. Neben der Aufgabenstellung spielen bei der Entscheidung über die Anwendung derartiger Verfahren auch die technischen Parameter (Durchmesser, Teufe, Wasserführung usw.) des zu untersuchenden Brunnens eine Rolle. Unter 3. wurden bereits naheliegende Zusatzverfahren genannt, auf die hier noch kurz eingegangen werden soll.

Bohrlochabweichungsmessungen (BA) erlauben die Feststellung von Brunnenneigung und -azimut als Funktion der Teufe. Die Kenntnis dieser Größen ist für die Beurteilung der Standsicherheit eines Brunnens von Bedeutung. Es sei in diesem Zusammenhang an die in ihrer Haltbarkeit möglicherweise stark vom Bohrlochverlauf

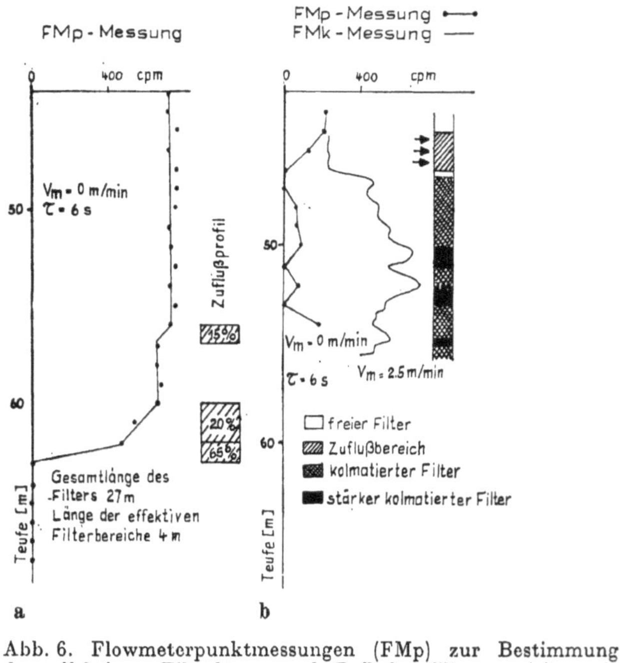

Abb. 6. Flowmeterpunktmessungen (FMp) zur Bestimmung der effektiven Filterlänge und Zuflußprofilierung (a) sowie Kolmationsnachweis im Filterbereich durch Korrelation von FMp- mit FMk-Messungen (b)

abhängigen, oftmals nur durch lose Gummiverbindungen zusammengesetzten Ausbauten von Filterentwässerungsbrunnen im Vorfeld von Braunkohlentagebauen erinnert. Azimutangaben sind allerdings dann nicht möglich, wenn der betreffende Brunnen mit Stahlrohren ausgebaut ist.
Messungen des spezifischen elektrischen Spülungswiderstands lassen neben den bereits beschriebenen Anwendungsmöglichkeiten auch die Abschätzung von Strömungsgeschwindigkeiten des Grundwassers zu, wenn durch diese R_m-Messungen die zeitliche Bewegung eines elektrolytischen Tracers allein unter dem Einfluß der natürlichen Grundwasserströmung verfolgt wird (Bestimmung von Abstands- und Filtrationsgeschwindigkeiten). Es sei auch hierzu auf (Lit.) verwiesen.
In Brunnen, die nicht mit Stahlausbauten versehen sind, ist es möglich, Messungen des spezifischen elektrischen „Gebirgs"widerstands durchzuführen. Man kann dann Potential- oder Gradientsonden unterschiedlicher Sondenlänge, d. h. unterschiedlicher Eindringtiefe, einsetzen, um Auskunft über das elektrische Verhalten der einzelnen Zonen (Brunneninnenwand, Filterrohr, Kiesschüttung, Gebirge) zu erhalten. So lassen sich z. B. Bereiche höherer elektrischer Leitfähigkeit im Filter, die eine ursächliche Wirkung auf dessen Durchlässigkeitsverminderung haben können, feststellen (Verockerungen, Tonbesatz). Im Komplex mit den im Abschnitt „Radiometrische Meßverfahren" beschriebenen radiometrischen Verfahren wären durch derartige Widerstandsmessungen auch ähnliche Aussagen über Ausbauhinterfüllung und Gebirge möglich. Darüber hinaus werden bei Vorhandensein von Leitfähigkeitsunterschieden zwischen den Ausbaumaterialien (Keramikvollrohr/Kiesklebefilter) noch zusätzliche Hinweise zur Ausbaupräzisierung gegeben; auch gestatten im Stahlausbau kurze Gradientsonden den Nachweis eventuell vorhandener Verrohrungslücken.

6. Ausblick

Der oben vorgestellte Verfahrenskomplex ist ein vorläufiges, keinen Normativcharakter tragendes Meßprogramm für Brunnenuntersuchungen. Die bisherige Bearbeitung einer Reihe von Brunnenobjekten und Einzelbrunnen hat gezeigt, daß die eingangs formulierte Aufgabe durch dieses Programm erfüllbar ist; darüber hinausgehende Anforderungen machen den Einsatz diverser Zusatzmeßverfahren nötig.
Trotz der bisher erzielten guten Ergebnisse erfordert die endgültige Festlegung eines optimalen und normativen Grundmeßprogramms für Brunnenuntersuchungen die Durchführung von Versuchsmessungen bzw. die Sammlung von Erfahrungen bei der Bearbeitung weiterer Objekte.
Unabdingbare Bestandteile eines solchen Programms werden sein:

- Mikrokalibermessungen,
- radiometrische Meßverfahren,
- Flowmetrie,
- Temperaturmessungen,
- Resistivimetrie.

Auf die Resistivimetrie kann unter Umständen verzichtet werden. Dies ist dann möglich, wenn die Flowmeterergebnisse aussagekräftig genug sind und kein Wert auf den Nachweis sehr geringer Wasserbewegungen im Brunnen gelegt wird. Die Entscheidung darüber kann nur operativ erfolgen und muß mit dem Auftraggeber abgestimmt

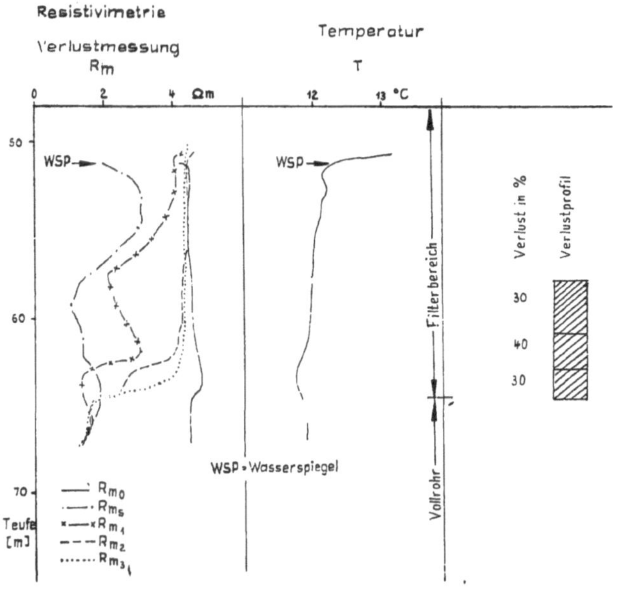

Abb. 7. Lokalisierung schluckender Intervalle im Filterbereich eines Brunnens durch R_m- und Temperaturmessungen
R_{m0} – Messung im unbeeinflußten Brunnen; R_{ms} – Messung nach dem Versalzen; R_{mi} – Messungen während Süßwassereingabe

werden. Letzteres gilt für jede Reduzierung bzw. Erweiterung des Grundmeßprogramms.
In der Perspektive wird es dem VEB Geophysik möglich sein, neben den bereits angeführten Meßmöglichkeiten ein weiteres Zusatzmeßverfahren anzubieten. Es handelt sich dabei um den sogenannten „Akustischen Bohrlochfernseher" oder das Bohrlochecholot — ein Verfahren, dessen Prinzip darin besteht, die Brunneninnenwand vermöge akustische Signale abzutasten und damit auf eventuelle Schadstellen hin zu untersuchen. Bis zur Praxisreife dieser Methode sind noch umfangreiche Voruntersuchungen nötig. Es wird aber auch dann keineswegs so sein, daß die Untersuchung eines Brunnens mittels Echolot allein möglich ist. Dieses Meßverfahren kann die Informationen, die das oben genannte Programm liefert, bei Bedarf vervollständigen. Mit dem Bohrlochecholot ist kein universelles Verfahren für die Brunnenschadenserkennung geschaffen worden. Auch ist der Aufwand bei Einsatz des Echolots im Vergleich zur Abwicklung des Grundmeßprogramms erheblich höher, so daß ein solcher nur für spezielle Untersuchungen zu empfehlen ist.
Bei der Formulierung eines endgültigen und optimalen Brunnenmeßprogramms wird es letztlich auch darauf ankommen, ausgehend von den in diesem Beitrag fixierten bisherigen Erfahrungen, zwischen methodischer Notwendigkeit, dem damit verbundenen Aufwand, der geforderten Aussage und den ökonomischen Möglichkeiten, einen gangbaren Weg zu finden.

Zusammenfassung

Es wird ein vorläufiges Meßprogramm für die Untersuchung von Brunnen durch bohrlochgeophysikalische Verfahren vorgestellt und hinsichtlich seiner Aussagemöglichkeiten anhand von Meß- und Interpretationsbeispielen erläutert. Durch dieses Programm ist es möglich, Brunnenschäden im Voll- und Filterrohrbereich zu erkennen, produzierende bzw. schluckende Intervalle des Brunnens zu orten und hinsichtlich ihres Abgabe- oder Schluckvermögens zu quantifizieren sowie einen Beitrag zur Präzisierung der Ausbaudokumentation zu leisten.

Резюме

В настоящей статье представляется предварительная программа для исследования колодцев каротажными способами и объясняется ввиду возможности высказывания на основе примеров измерения и интерпретации. С этой программой возможно узнать убытьки колодца в полном и в интервале фильтрующей трубы, обнаруживать интервали отдачи или приема и квантифицировать ввиду их способности отдачи или приема как и внести вклад для уточнения документации крепи.

Summary

A preliminary programme for measuring wells by means of geophysical well logging is presented, and is illustrated by examples of measurement and interpretation in view of its conclusiveness. This programme makes it possible to discover well damages in full-string and perforated casing, to locate producing and absorbing intervals of the well and to quantify them in view of their yield or absorbing capacity, as well as to contribute to define exactly the pulling-out documentation.

Literatur

JORDAN, W.: Testung von Verfahren der geophysikalischen Bohrlochmessung zur Kontrolle von Entwässerungsfilterbrunnen. – Diplomarbeit, Bergakademie Freiberg, Sektion Geotechnik und Bergbau, Freiberg 1976.

LUX, K. N.: Ermittlung der dynamischen Verhältnisse in hydrogeologischen Bohrungen mit Hilfe der geophysikalischen Bohrlochmessung. Vortrag auf dem „4. Kolloquium Hydrogeologie", Erfurt 1975. – Z. angew. Geologie, 23, 2, 78–83, Berlin 1977.

Buchbesprechungen

Autorenkollektiv (Hrsg. R. LAUTERBACH)

Physik der Erdkruste

Berlin: Akademie-Verlag 1977. 247 S., 68 Abb., 6 Tab., 521 Lit., M 46,–

Das Buch trägt den Untertitel „Ergebnisse geophysikalischer Erforschung von Erdkruste und Erdmantel", wird dem – um es gleich vorwegzunehmen – aber nicht gerecht. Die im Vorwort geäußerte Absicht, wegen der verschiedenartigen Interessenkreise die geophysikalische Erforschung der Lithosphäre abgetrennt von der „Physik des Planeten Erde" (im gleichen Verlag 1975 erschienen) zu behandeln, kann unter Umständen gutgeheißen werden, wenn sich damit ein separates Buch füllen läßt. Zu beurteilen, ob dies möglich ist, ist nicht Sache des Rezensenten. Ihm obliegt nur die Feststellung, daß dies im vorliegenden Fall nicht gelungen ist. Zählt man die Textseiten, auf denen tatsächlich von den Ergebnissen der geophysikalischen Erforschung von Erdkruste und Erdmantel die Rede ist, dann finden sich derer insgesamt 45, und es drängt sich die Frage auf, ob diese nicht in der „Physik des Planeten Erde" besser plaziert gewesen wären. Die restlichen Seiten sind mit einer (unvollständigen) Abhandlung über den gegenwärtigen Stand der Methoden der Angewandten Geophysik angefüllt und dies – bedingt durch die vielen Einzelautoren und eine offensichtlich nur schwach ausgeführte Gesamtredaktion – in sehr unterschiedlicher, heterogener Art und Weise.
Die Kap. 1, 2, 4 und 12 befassen sich, sehr gut gelungen, mit den Bauformen der Erdkruste und des oberen Mantels, der Geologie und Geophysik der Meeresböden, der geothermischen Forschung und der Geochemie der Erdkruste. Die übrigen Kapitel behandeln: Satelliten- und Aeromethoden (16 S.); theoretische Modellbehandlungen der Magnetotellurik (8 S.); geophysikalische Potentialfelder und Anomalien, (16 S.); Stand der Reflexionsseismik (Digitaltechnik) (16 S.); Methoden der Geoelektrik (15 S.); Geophysik im Ingenieur- und Felsbau (16 S.); Stand der Bohrlochgeophysik (10 S.); Stand der Petrophysik (16 S.).
Die hier genannten Stichworte stimmen nicht mit den Kapitelüberschriften überein, sondern geben den Inhalt an. Insgesamt eingeschätzt, kann das Buch trotz seiner genannten Mängel empfohlen werden, nicht zuletzt wegen der meist sehr ausführlichen Literaturverzeichnisse.

R. ZEUCH

ERNST, W. G.

Petrological phase equilibria

San Francisco: W. H. Freeman and company 1976. 333 S., 135 Abb., 6 Tab., $ 15.60

Der Autor behandelt auf thermodynamischer Grundlage zahlreiche für die Gesteinsgenese wichtige Gleichgewichtsbeziehungen von Mineralphasen. Drei einleitende Kap. vermitteln dem Leser notwendige Kenntnisse über Terminologie, Darstellung und experimentelle Grundlagen und Verfahren. In den folgenden Kap. werden einzelne einfache und komplizierte Phasendiagramme in Beziehung zur Genese von Mantelgesteinen sowie von Magmatiten und Metamorphiten der Kruste beschrieben. Hierbei wird auch auf petrologische Probleme der Plattentektonik Bezug genommen.
Hervorzuheben ist die Beschreibung von Reaktionen unter Mitwirkung flüchtiger Komponenten – CO_2, H_2O, O_2 –, Reaktionen, die für das Verständnis der Petrologie der Metamorphite von besonderer Bedeutung sind. Schließlich enthält das Buch in tabellarischer Form Angaben z. B. über thermodynamische Eigenschaften von 35 petrologisch wichtigen festen Phasen; und über thermodynamisch wichtige Eigenschaften des H_2O.
Ein knappes Schlagwortverzeichnis hilft dem Leser, für ihn wichtige Einzelheiten rasch aufzufinden. Verf. ist es gelungen, einige Grundlagen der Petrogenese von Magmatiten und Metamorphiten wirkungsvoll und verständlich darzustellen.

T. KAEMMEL

Autorenkollektiv

Volcanic processes in ore genesis

London: The Institution of Mining and Metallurgy 1977. Fortschrittsberichte einer gemeinsamen Veranstaltung der Volcanic Studies Group der Geologischen Gesellschaft zu London und der Institution of Mining and Metallurgy am 21. und 22. 1. 1976 in London. 188 S., zahlr. Abb., 11.–

Durch die neue Theorie der Plattentektonik ist die Diskussion über die Beteiligung von magmatischen Schmelzen aus dem Mantel an der Bildung von Erzlagerstätten außerordentlich angeregt worden. Zweifellos wird die Bedeutung subkrustaler Prozesse für Elementkonzentrationen und insbesondere ihr direkter Beitrag hierzu gegenwärtig von zahlreichen Geologen überbetont. Dessen ungeachtet muß in Betracht gezogen werden, daß ganz offensichtlich mehr Elemente, als früher angenommen, ihre Akkumulation Tiefenprozessen verdanken.
In den Fortschrittsberichten sind in einer ausgezeichneten Art die neuesten Vorstellungen über die Entstehungsbedingungen von Erzlagerstätten, die mit Vulkaniten assoziiert sind, und über die Herkunft der dort konzentrierten Elemente dargelegt. Meist werden die Genesevorstellungen modellartig, z. T. in mehreren Varianten, zur Diskussion gestellt. Die Arbeiten nehmen Bezug auf folgende Lagerstättentypen: buntmetallführende Kieslagerstätten Cypern und Rio Tinto, porphyrische Kupfererzlagerstätten, polymetallische Kurokolagerstätten, sowie Zinnlagerstätten verschiedener geotektonischer Positionen (Nigeria, Bolivien, Cornwall).
Die Modellvorstellungen haben zweifellos für theoretische Überlegungen zur Klärung von Gesetzmäßigkeiten der Elementverteilung und für Konzeptionen zur Lagerstättensuche im regionalen (kontinentalen) Maßstab Bedeutung. Arbeiten, die in der Größenordnung einer mittleren metallogenetischen Einheit mit den Dimensionen weniger hundert Kilometer durchzuführen sind, müssen zweifellos von konkreteren geologischen Fakten ausgehen. Das Studium der Arbeiten regt zu regionalen Vergleichen an und kann eine Basis für neue Vorstellungen zur Klärung komplizierter metallogenetischer Situationen sein.

G. TISCHENDORF

KUDELSKIJ, A. W.

Hydrogeologie und Hydrogeochemie des Jods

Minsk: Izd-vo „Nauka i Technika" 1976. 216 S., 27 Abb., 33 Tab., 446 Lit., 1,37 Rbl.

Das unter der Redaktion von BOGOMOLOW erarbeitete Werk ist an Geochemiker, Hydrogeologen, Erdölgeologen und Hochschullehrer geowissenschaftlicher Disziplinen gerichtet. Es behandelt in 11 Kap. die Verbreitung des Jods in den natürlichen Objekten der Bio-, Litho- und Hydrosphäre und betrachtet die Hydrogeologie und Hydrogeochemie jodhaltiger Wässer und Solen verschiedenaltriger Becken unterschiedlicher Typen. Besondere Aufmerksamkeit wird der Geochemie und den Bildungsgesetzmäßigkeiten, der Herkunft und den Erscheinungsformen des Jods und seiner Migration in der Erdkruste und der Hydrosphäre gewidmet. Die Mechanismen der Jodkonzentration in Grundwässern und die globalen Gesetzmäßigkeiten der Verteilung von Jodwässern sowie eine Methodik zur regionalen Einschätzung industriell nutzbarer jodführender Grundwässer werden behandelt. Im Wasser gelöstes Jod als Kriterium für kohlenwasserstoffführende Strukturen wird ebenfalls besprochen.
Das Buch gliedert sich wie folgt: Teil I.: Jod in der Biosphäre, Lithosphäre und Hydrosphäre; — Teil II.: Jod in den Grundwässern erdöl-erdgasführender hydrogeologischer Becken; — Teil III.: Die Hydrogeochemie und Hydrogeologie des Jods in Verbindung mit der Kohlenwasserstofführung und der Bildung von Jodwässern.
Jod erhält zunehmende industrielle Bedeutung. Sein Verhalten und die für Erkundungszwecke wichtigen Verbreitungsgesetzmäßigkeiten erläutert der Autor vornehmlich an Beispielen aus der Sowjetunion, aber auch anhand ausländischer Beispiele. So gibt das Werk nach den Erfahrungen des Autors durch eine gründliche Literaturauswertung einen umfassenden Überblick über das Jod, insbesondere der Hydrosphäre. Es wird allen Geochemikern, Hydrogeologen und in der Kohlenwasserstofferkundung tätigen Geologen eine Hilfe sein.

P. G. DIETRICH

USMANOW, F. A.

Grundlagen der mathematischen Analyse geologischer Strukturen

Taschkent: „FAN" 1977. 205 S., 5 Tab., 6 Abb., 2,17 Rbl.

Mit der vorliegenden Monografie schuf der usbekische Autor ein bemerkenswertes Werk, mit dem er in ein neues Gebiet theoretischer Betrachtungsweisen in der Geologie vordrang. Sein Hauptanliegen ist es, Ergebnisse intensiver Forschungen zur mathematischen Begründung, Formulierung und Abstraktion von Strukturen geologischer Objekte sowie deren Analyse, Beschreibung, Gegenüberstellung und Systematisierung darzulegen. Es wird der Versuch unternommen — analog zur Theorie der Kristallstrukturen — Elemente einer Theorie geologischer Strukturen auszuarbeiten, die auf mathematischen Modellen der Mengenlehre, der mathematischen Logik und der Graphentheorie basieren. Eine systematische Untersuchung der Eigenschaften der am meisten verbreiteten Typen geologischer Strukturen wird sehr gründlich und anschaulich durchgeführt.

Die Monografie ist in zwei Hauptteile gegliedert: Elemente der mathematischen Theorie geologischer Strukturen und statistische Methoden der Analyse geologischer Strukturen. Im ersten Teil werden mathematische Grundlagen der Beziehungen zwischen geologischen Körpern in Form räumlicher Binärverhältnisse sowie mathematische Modelle und Eigenschaften geologischer Strukturen behandelt. Im zweiten Teil werden stereologische Aufgaben der Geologie definiert und mit entsprechenden mathematischen Modellen gelöst. Dabei interessieren vor allem solche Untersuchungsobjekte, die mit Hilfe linearer oder flächenhafter Schnitte durch einen geologischen Körper (z. B. Profile, Schliffe usw.) erzeugt werden.
Mit Hilfe entsprechender mathematischer Modelle werden diese Schnitte beschrieben und ihre Charakteristika abgeleitet. An verschiedenen geologischen Aufgaben wird die Anwendung der Modelle demonstriert sowie die Effektivität und Zweckmäßigkeit des Einsatzes mathematischer Modelle und der EDV bei der Lösung stereologischer Aufgaben nachgewiesen. Ein umfangreiches Sachregister erleichtert die Arbeit mit diesem Buch. Rund 150 Literaturhinweise vervollständigen das Werk und ermöglichen eine intensivere Beschäftigung mit dem Problemkreis.

P. STRAACH

GABLER, R. E.; SAGER, R. J.; BRAZIER, S.; POURCIAU, J.

Essentials of Physical Geography

New York, Chicago: Holt, Rinehart and Winston 1977. 496 S., zahlr. Abb.

Die Verf. legen eine Arbeit vor, die das Wesentliche der physikalischen Geographie mit zahlreichen Querverbindungen zu geologischen Prozessen in knapper, anschaulicher Art behandelt. Die Fülle des Stoffs ist in 15 Kap. gegliedert. Die drei ersten umfassen allgemeine Fragen der Erdbewegung, der Sonnenenergie und ihrer Einwirkung auf irdisches Geschehen und der Atmosphäre. In den nächsten zwei Kap. werden Probleme des Wasserkreislaufs, Einwirkungen von Feuchtigkeit und Kondensation auf die Erdoberfläche und die Gesteine abgehandelt. Die darauf folgenden geben Einblick in die Abläufe im Zusammenhang mit Klimaten, mit Wind und Erosion und in die Bildung von Böden. Kap. 10 bringt eine zusammenfassende Übersicht über Fragen der Morphologie im Zusammenhang mit tektonischen Prozessen und dem Aufbau der Erdkruste. Die Kap. 12 und 13 beschäftigen sich ausführlich mit den Erscheinungen des fließenden und stehenden Wassers, mit Grundwasser und seiner Nutzung. Das Kap. 14 ist glazialen Erscheinungen speziell im Hinblick auf die Gestaltung der Landschaftsformen gewidmet. Abschließend bringt Kap. 15 einen Überblick über die Landschaftsformen in ariden Gebieten.
Ein ausführliches Register beschließt diese Arbeit. Als Anhang sind sieben farbige Karten angefügt: Mittlere Jahresniederschläge auf der Erde, Klimazonen, Vegetationszonen, Böden, Relief, strukturgeologische Übersicht und Bevölkerungsdichte der Erde.
Das Buch ist reich illustriert und enthält einprägsame bunte graphische Darstellungen und Tabellen, die wesentlich zum Verständnis der Materie beitragen. Es hat populärwissenschaftlichen Charakter und ist in seiner guten Übersichtlichkeit wegen für Studierende zum Studium gut geeignet.

K. KAUTER

Informationen

Anstieg der Erdöl- und Erdgasgewinnung in der UdSSR

Über die Produktionsentwicklung in der Erdöl- und Erdgaswirtschaft der UdSSR im ersten Halbjahr 1977 wurden in Moskau folgende aufschlußreiche Zahlen veröffentlicht:

	Produktion	Veränderung zum 1. Halbjahr 1976
Erdöl, einschließlich Gaskondensat	268 Mill. t	+5%
Erdgas	170 Mrd. m^3	+8%
dazu		
Kohle	362 Mill. t	+2%

Sowjetische Rohstoffe für RGW

Bei der Befriedigung des wachsenden Bedarfs der Mitgliedsländer des RGW an mineralischen Rohstoffen, auch an Brennstoffen, spielt die Sowjetunion als Lieferant eine hervorragende Rolle. Nachfolgende Tabelle veranschaulicht dies an einigen ausgewählten Beispielen:

	1966–1970	1971–1975	
Steinkohle u. Anthrazit	61,2	73,6	(Mill. t)
Erdöl	138,3	270,0	(Mill. t)
Erdgas	7,9	31,3	(Mrd. m^3)
Eisenerz	139,5	178,3	(Mill. t)
Kupfer	487,9	662,7	(1000 t)

Produktion mineralischer Rohstoffe in der Ungarischen VR

In der Ungarischen VR machte die Produktion einiger mineralischer Rohstoffe in den letzten Jahren folgende Entwicklung durch:

	1975	1976	
Erdöl	2006	2142	(1000 t)
Erdgas	5175	6083	(Mill. m^3)
Kohle	24887	25253	(1000 t)
Bauxit	2890	2918	(1000 t)
Tonerde	756	736	(1000 t)

Perspektiven der Braunkohlenindustrie in der VR Polen

Innerhalb der letzten 16 Jahre wurde in der VR Polen die Braunkohlenförderung von 9,3 Mill. t/a (1960) auf 39,3 Mill. t/a (1976) gesteigert. Die Basis für diese Entwicklung bildeten ursprünglich die beiden Tagebaue von Turów, an der Grenze zur DDR. Danach nahmen die Zechen von Goslawice, Patnów, Kasimierz und Jozwin, bei Konin, und die Grube von Adamów, bei Turek die Produktion auf. Für die weitere Perspektive bis zum Jahr 2000 wird mit einer stürmischen Entwicklung gerechnet. Bereits 1985 ist eine Jahresförderung von 85 Mill. t/a Braunkohle geplant. Die Produktion soll 1990 sogar 140 bis 180 Mill. t/a erreichen. Um die Jahrhundertwende werden Fördermengen bis zu 250 Mill. t/a in Betracht gezogen. Dieses progressive Wachstum ist der Ausdruck für die zunehmende Bedeutung der Braunkohle in der Energie- und Rohstoffversorgung des Landes.
Mit der geologischen Erkundung des Feldes von Belchatow, dessen Vorräte derzeit mit 1,25 Mrd. t angegeben werden, wurde die entscheidende Grundlage für diese Entwicklung gelegt. Der Flözkomplex erreicht hier Mächtigkeiten von 54 bis 70 m. Die Abraumhöhe beträgt allerdings über 140 m. Gegenwärtig beginnt der Aufschluß dieser Lagerstätte. In drei Jahren wird dort die erste Rohkohle gefördert. Die Kapazität des Betriebs ist auf 40 Mill. t/a angelegt. Ein zusätzlicher Tagebau von Szczerców, mit einer geplanten Kapazität von 30 Mill. t/a wird später in Betrieb genommen werden.

Kohleförderung der RGW-Mitgliedsländer

Die Kohleförderung der RGW-Mitgliedsländer wuchs in den Jahren 1960 bis 1975 kontinuierlich. Betrug sie 1960 noch 601 Mill. t Einheitsbrennstoff, so erreichte sie 1970 bereits 735 Mill. t und 1975 sogar 815 Mill. t. Ihr Anteil an der Weltförderung stieg damit von 28,4% (1960) auf 31,5% (1970) und 32,4% (1975). Diese Entwicklung war und ist mit einer intensiven Nutzung der Kohle als Rohstoff verbunden. Im Vergleich dazu sank die Kohleproduktion in den Ländern der EWG von 451 Mill. t (1960) auf 343 Mill. t (1970) und 282 Mill. t (1975) ab. Ihr Anteil an der Weltförderung betrug 1975 11,2%.

Kupfer in Perú

Die neue Kupfermine Cerro Verde im Süden Perús hat ihre Produktion aufgenommen. Die dortigen Vorräte an Kupferoxid werden mit 61 Mill. t bei einem Gehalt von 1,01% Cu angegeben. Die tiefer liegenden Kupfersulfiderze sollen 1,2 Mrd. t betragen. Der angelaufene Tagebau sieht zwei Abbaustufen vor. Während der ersten 16 Jahre wird das Oxiderz, danach das Sulfiderz gefördert. In der ersten Stufe sind jährlich 33000 t Feinkupfer mit einem Gehalt von 99,98% zu erwarten. Mit Einbeziehung aller anderen Lagerstätten Perús wird mit einer Gesamtproduktion von 423000 t Feinkupfer im Laufe der nächsten Jahre gerechnet. Damit würde Perú hinter Zaire, Chile und Sambia den vierten Platz in der Weltrangliste einnehmen.

Neues Phosphatwerk in Marokko

Im Sommer 1980 wird das Werk „Marco-Phosphore II", ein neuer großer Industriekomplex für die Phosphatgewinnung in Marokko seine Produktion aufnehmen. Das Werk entsteht in der Nähe des Atlantikhafens Safi und wird die Phosphate der erst kürzlich erschlossenen Mine von Benguerir, in der Nähe von Marrakesch, verarbeiten.
Der Industriekomplex umfaßt drei Schwefelsäureanlagen mit einer Tageskapazität von mindestens 1500 t/d und drei Produktionsstätten für 500 t/d Phosphorsäure. Jährlich sollen dann hier 1,7 Mill. t Phosphate und 530000 t Schwefel zu Düngemitteln verarbeitet werden.
Mit dem Anlaufen der Produktion in diesem neuen Werk kann das marokkanische „Office Chérifien des Phosphates" mit allen seinen Werken mit einer Jahresproduktion von 5,5 Mill. t rechnen. Marokko wird dann der größte Düngemittelfabrikant der Welt sein.

Keramischer Rohstoff im Irak

In der Ga'ara-Depression, in Westirak, liegen kaolinische Tone und Tonsteine. Sie gehören der Ga'araformation des Perms an. An verschiedenen Stellen werden sie bereits abgebaut. Die bedeutendste Lagerstätte ist die von Duekhla, am Südrand der Depression. Die Rohstoffe dienen zur Erzeugung von keramischen Steingutfliesen. Ihre Feuerfestigkeit mit 30 bis 34/35 SK ist beachtlich.

Kurznachrichten

In der **UdSSR** hat sich die jährliche **Erdgasgewinnung** von 1960 bis 1975 mit 576% fast versechsfacht. Von den 320 Mrd. m^3 im RGW geförderten Erdgases entfielen im letztgenannten Jahr 289 Mrd. auf die UdSSR. Bis 1980 soll die sowjetische Fördermenge 400 bis 435 Mrd. m^3 erreichen.

In der **ČSSR** konnte nach eingehenden Erdkundungsarbeiten bei Dolni Dunajovice eine neue **Erdgaslagerstätte** nachgewiesen werden. Sie bedeckt eine Fläche von 7,5 km in der Länge und 1 km in der Breite. Der Speicher liegt in 1118 m Teufe und enthält Vorräte von ca. 1,6 Mrd. m^3 mit 97% Methan.

In der **VR Polen** schreitet der Ausbau der **Erdölverarbeitung** fort. In der Wojewodschaft Opole wurde mit dem Bau eines neuen Erdölverarbeitungszentrums begonnen. Die Kapazität allein der ersten Stufe beträgt 3 Mill. t/a Erdöl.

Die **DVR Algerien** erweitert ihre **Erdgasförderanlagen** bei Hassi R'Mel. Die gegenwärtige Förderkapazität beträgt 14 Mrd. m^3/a. Nach Vollendung der vorgesehenen Produktionserweiterungen soll sich ab 1980 die Produktionskapazität auf insgesamt 92 Mrd. m^3 erhöhen.

Untersuchungen des **Slowakischen** Geologischen Amtes in Bratislava ergaben, daß in den Schichten der slowakischen Karpaten ca. 13 Mill. t **Erdöl** und 80 Mrd. m^3 **Erdgas** zu erwarten sind. Die Lager werden in Teufen von 4000 bis 7000 m vermutet. Die Förderung von Erdöl und Erdgas soll bis 1980 um 80% steigen.

In **Frankreich** zeigt die **Kohlenproduktion** für 1977 mit 22 Mill. t gegenüber der Gewinnung von 1976 mit 23,4 Mill. t einen Rückgang an. Das Land benötigt in diesem Jahr 24 Mill. t Einfuhrkohle. Hauptlieferländer sind: Südafrika, VR Polen und die BRD. Die Energieproduktion mit 20% Kohlenanteil blieb unverändert.

In **Venezuela** ist neben den bedeutenden Erdöl- und Eisenlagerstätten neuerdings eine große Lagerstätte von **Bauxit** entdeckt worden. Sie liegt 600 km westlich von Ciudad Guayana. Die Vorräte werden mit ca. 500 Mill. t angegeben. Der Gehalt an Aluminiumoxid soll über 50% liegen.

Auf der Grundlage einer 1969 unweit Mohammedia entdeckten triassischen **Steinsalzlagerstätte** mit einem Vorratsinhalt von über drei Mrd. t Steinsalz von hohem Reinheitsgrad, das in geringen Teufen liegt, entsteht derzeit in **Marokko** ein moderner Petrochemiekomplex zur Herstellung von PVC u. a. Produkten.

Von 34 auf den **Philippinen** bekannten **Kupfererzlagerstätten** werden derzeit acht abgebaut. Es handelt sich um hypogene, sulfidische Erze, deren Minerale in Form von Kornimprägnationen und kleinsten Adern im Muttergestein vorkommen. Die Hauptdistrikte sind Bagnio Mineral, Cebu, Negros und Davo auf Mindanao.

Eine **sowjetische** Geräteeinheit für **Gammaaktivierungsanalysen** kann Edelmetallgehalte von unter 1% in der Tonne Erzgestein nachweisen. Der Apparat ermöglicht 1200 Analysen in 24 Stunden. Die Erprobung hat diese Anlage bereits in mehreren Einsätzen bestanden.

Bezugsmöglichkeiten der „Zeitschrift für angewandte Geologie"

Bestellungen sind zu richten

- **in der DDR** an den Postzeitungsvertrieb; an eine Buchhandlung oder an den Akademie-Verlag, DDR 108 - Berlin, Leipziger Straße 3–4
- **im sozialistischen Ausland** an eine Buchhandlung für fremdsprachige Literatur oder an den zuständigen Postzeitungsvertrieb
- **in der BRD und Westberlin** an eine Buchhandlung oder an die Auslieferungsstelle KUNST und WISSEN, Erich Bieber, 7 Stuttgart, Wilhelmstraße 4–6
- **in Österreich** an den Globus-Buchvertrieb, 1201 Wien, Höchstädtplatz 3
- **im übrigen Ausland** an den Internationalen Buch- und Zeitschriftenhandel; den Buchexport, Volkseigener Außenhandelsbetrieb der Deutschen Demokratischen Republik. DDR - 701 Leipzig, Postfach 160, oder an den Akademie-Verlag, DDR - 108 Berlin, Leipziger Straße 3–4.

„Zeitschrift für angewandte Geologie"

Herausgeber: Prof. Dr. KARL SCHMIDT, Direktor des Zentralen Geologischen Instituts, Berlin, im Auftrage des Ministeriums für Geologie der Deutschen Demokratischen Republik.

Chefredakteur: Dr. KURT KAUTER, Zentrales Geologisches Institut, Berlin.

Anschrift der Redaktion: DDR - 1054 Berlin, Kastanienallee 69 (Fernruf 2824293/2824593).

Verlag: Akademie-Verlag, DDR - 108 Berlin, Leipziger Straße 3–4; Fernruf: 2236221 oder 2236229; Telex-Nr. 114420.

Bank: Staatsbank der DDR, Berlin Kto.-Nr. 6836-26-20712.

Veröffentlicht unter der Lizenznummer 1279 des Presseamtes beim Vorsitzenden des Ministerrates der Deutschen Demokratischen Republik. P 186/77.

Gesamtherstellung: VEB Druckhaus „Maxim Gorki", DDR - 74 Altenburg.

Erscheinungsweise: Die Zeitschrift erscheint monatlich. Die 12 Hefte eines Jahres bilden einen Band. Bezugspreis je Band 144,– M zuzüglich Versandspesen (Preis für die DDR 24,– M). Bezugspreis je Heft 12,– M (Preis für die DDR 2,– M).

Bestellnummer des Bandes: 1047/24/3.

AN (EDV) 32138

Zeitschrift für angewandte Geologie 3/78

Herausgegeben vom Zentralen Geologischen Institut Berlin im Auftrag des Ministeriums für Geologie der Deutschen Demokratischen Republik
Verlag: Akademie-Verlag, 108 Berlin, Leipziger Straße 3—4

Маасс, И.; Ванд, У.; Кэммель, Т.

Состав углеродных изотопов высокоуглефицированных органических веществ — крутерий для характеристики их первичных веществ

Z. angew. Geol., Берлин, 24 (1978) 3, стр. 109—120, 1 илл., 6 табл., 71 лит.

Исследованные графиты показывают в зависимости от типа исходного материала, гумусового или сапропелитового или же битуминосного, различные значения $\delta^{13}C$. Экспериментальные результаты этим же позволяют выводы, что на основе изотопного состава углерода еще возможно при высокоуглефицированных (метаморфических) первичноорганических отложениях высказания о характере исходных органических веществ в определенных границах. Обсуждаются причины, которые могут вызвать относительно большой предел вариящии значений $\delta^{13}C$ графитов.

Магаловски, Г.

О принципах выработки классификации советских угольных месторождений

Z. angew. Geol., Берлин, 24 (1978) 3, стр. 120—125, 1 табл., 32 лит.

Дается обзор о развитии классификации угольных месторождений Советского Союза. При этом отличаются две основные группы: 1. Генетические классификации и 2. промышленные и разведочные классификации. Эти классификации разработаны уже несколько десятилетий при учете комплексного выяснения генетических вопросов и комплексного использования месторождений.

Шнейдер, В.

К некоторым закономерностям фациального развирия во 2-м Лужицком пласте

Z. angew. Geol., Берлин, 23 (1978) 3, стр. 125—130, 6 илл., 1 табл., 17 лит.

Как результат многолетых микропалеонтологических и микропетрографических исследований 2-го Лужицкого пластового горизонта представляются некоторые основные пласто-генетические связи на основе примеров.

Айсманн, Л

Моллисоловый диапиризм

Z. angew. Geol., Берлин, 24 (1978) 3, стр. 130—138, 13 илл., 29 лит.

Встречаемые в Лейпцигской низменности диапировые надавливания бурого угля являются свидейтельством для конца мощной плейстоценовой вечной мерзлоты в Средней Европе. Вода, образававшаяся во время образования мерзлой почвы в буром угле из секретационного льда, вела во время деградации мерзлой почвы к изменению состава. Зависящего от залегания и отложения различного давления нагрузки угольный моллисоль поднимался диапирически. Максимумы угольного диапиризма находились в раннем и позднем заальском оледенении и в раннем вислинском оледенении. Предпосылается для подъемя угля для названных промешутков времени краткие фазы обогревания. Предлагается расчленение четвертичного для ГДР с учетом межледниковых процессов.

Лукс, К.-Н.

Предварительная программа измерения для исследования колодцев карротажными методами

Z. angew. Geol., Берлин, 24 (1978) 3, стр. 138—140, 7 илл., 2 лит.

В настоящей статье представляется предварительная программа для исследования колодцев карротажными способами и объясняется ввиду возможности высказывания на основе примеров измерения и интерпретации. С этой программой возможно узнать убытки колодца в полном и в интервале фильтрующей трубы, обнаруживать интервали отдачи или приема и квантифицировать ввиду их способности отдачи или приема как и внести вклад для уточнения документации крепи.

In den nächsten Heften

der

Zeitschrift für angewandte Geologie

erscheinen u. a. folgende Beiträge

HÄHNE, R.; JORDAN, H.: Bemerkungen zur internationalen hydrogeologischen Terminologie

SOKOLOW, W. L.; SIMONENKO, W. F.: Die Evolution der Gasbildung bei der Inkohlung anhand experimenteller Daten

KLEMM, W.: Zur Chloridbestimmung in Wässern mit ionenintensiven Elektroden für geochemische Untersuchungen

BLANKENBURG, H.-J.; RÖSLER, H.-J.: SiO_2-Mobilisation und Quarzbildung beim Kaolinisierungsprozeß

POPOW, W. E.: Die vulkanogen-sedimentären Lagerstätten des Präkambriums und ihre Prognostizierung

MOHNKE, M.; HÖFLING, R.: Anreicherung von Edelgasen in Gasgemischen zur Messung geringerer Konzentrationen

KRETZSCHMAR, H.-J.: Numerische Simulation der radialsymmetrischen Gasströmung an einer Bohrung

JUBITZ, K.-B.: Probleme der Entwicklung und des Baues der Varisziden in Mitteleuropa und im Gebiet der UdSSR

ELISEJEWA, O. P.; OMELJANENKO, B. I.: Die lokale Uranverbreitung in Gesteinen und Mineralien als petrogenetischer Indikator

GIMM, W.; ROSETZ, G.: Anforderung der Geomechanik an die Erkundung fester mineralischer Rohstoffe

HAAKE, R.; HOTH, K.: Eine Antimonvererzung in der Kalklagerstätte Herold im mittleren Erzgebirge

GRUNERT, S.: Beitrag zur Nomenklatur und Systematik der Massenbewegungen an Hängen

KATZ, J. G.; RJABUCHIN, A. G.; TROFIMOW, D. M.: Kosmische Methoden in der Geologie (Referat: H. PÄTZ)

SOLOWJEW, B. A.: Allgemeine Gesetzmäßigkeiten der Verteilung von Erdöl und Erdgas in den Salzbildungsbecken Europas

Neuerscheinungen und Literaturhinweise

BULACH, E. G.; RSHANNIZYN, W. A. u. a.

Die Anwendung der Minimalisierungsmethode für die Lösung von Aufgaben der Strukturgeologie nach Daten der gravimetrischen Erkundung (russ.)

Kiew: Verlag Nauk. Dumka 1976. 218 S., 70 Abb., 34 Tab., 334 Lit.

DJADKINA, I. JA.; ORLOWA, M. P.

Phlogopitlagerstätten (russ.)

Leningrad: Verlag Nedra 1976. 215 S., 61 Abb., 19 Tab., 204 Lit.

GERASIMOW, I. P.

Neue Wege in der Geomorphologie und Paläogeographie (russ.)

Moskau: Verlag Nauka 1976. 399 S.

IWASCHOW, P. W.

Theoretische Grundlagen der biogeochemischen Methode der Suche von Erzlagerstätten (russ.)

Nowosibirsk: Verlag Nauka 1976. 269 S., 97 Abb., 69 Tab., 22 S. Lit.

KOBACHIDSE, L. P.; SINJAGIN, G. P. u. a.

Die Ökonomie der mineralischen Rohstoffe und der geologischen Erkundungsarbeiten (russ.)

Moskau: Verlag Nedra 1976. 332 S., 4 Abb., 35 Tab., 38 Lit.

LEBEDEW, A. W.

Untersuchungsmethoden der Grundwasserbilanz (russ.)

Moskau: Verlag Nedra 1976. 222 S., 67 Abb., 15 Tab., 130 Lit.

NATSCHEW, I.

Die Lithologie von Sedimenten aus dem Jura in Bulgarien (bulg.)

Sofia: Verlag BAN 1976. 162 S., 28 Abb., 7 Tab., 1 Taf.

OWEN, T. R.

The geological evolution of the British Isles

Oxford: Pergamon-Press 1976. 161 S., 93 Abb.

SCHASKOLSKAJA, M. P.

Kristallographie (russ.)

Moskau: Verlag Wyssch. schkola 1976. 392 S., 374 Abb., 53 Tab.

SERGEEW, K. F.

Die Tektonik des Inselsystems der Kurilen (russ.)

Moskau: Verlag Nauka 1976. 238 S., 62 Abb., 26 Tab., 411 Lit.

SETSCHEWIZA, A. M.

Die Natur der hydrothermalen erzbildenden Lösungen (russ.)

Moskau: Verlag Nedra 1976. 164 S., 4 Abb., 4 Tab., 326 Lit.

TER-STEPANJAN, G.

Geodätische Methoden zur Untersuchung der Dynamik von Rutschungen

Leipzig: Dt. Verlag Grundstoffind. 1976. 202 S., 57 Abb., 17 Tab., 41 Lit.

WILLKOMM, H.

Altersbestimmungen im Quartär

München: Verlag K. Thiemig 1976. 276 S., 9 S. Lit.
(Thiemig-Taschenbücher, Bd. 55)

ZÁRUBA, Q.; MENCL, V.

Engineering geology

Prag: Academia 1976. 504 S., 10 S. Lit.

Berichtigung

In dem Beitrag „Die Messung von Linearen in der Tektonik“ von Gerhard Hempel, Bd. 7, H. 5, muß es im Literaturverzeichnis auf S. 234 statt „Cloos, H.“ richtig heißen „Cloos, E.“

Bei der Abbildung 7 auf S. 233 muß „Diagrammhalbmesser in cm“ an der linken Ordinate (also unter der Abbildung) stehen.

Die Redaktion

Kolibri 360 GmbH
Ferdinand-Jühlke-Straße 7
99095 Erfurt, Deutschland
produktsicherheit@kolibri360.de